建筑工程高级管理人员实战技能一本通系列丛书

# 项目总工实战技能一本通
## （第二版）

赵志刚　隗　伟　主编

中国建筑工业出版社

**图书在版编目(CIP)数据**

项目总工实战技能一本通/赵志刚,隗伟主编. —2
版. —北京:中国建筑工业出版社,2021.6(2024.5重印)
(建筑工程高级管理人员实战技能一本通系列丛书)
ISBN 978-7-112-26236-6

Ⅰ.①项… Ⅱ.①赵…②隗… Ⅲ.①建筑工程-工程项
目管理 Ⅳ.①TU712.1

中国版本图书馆 CIP 数据核字(2021)第 118065 号

责任编辑:万 李 张 磊
责任校对:芦欣甜

建筑工程高级管理人员实战技能一本通系列丛书
## 项目总工实战技能一本通
### (第二版)
赵志刚 隗 伟 主编

\*

中国建筑工业出版社出版、发行(北京海淀三里河路9号)
各地新华书店、建筑书店经销
北京科地亚盟排版公司制版
建工社(河北)印刷有限公司印刷

\*

开本:787毫米×1092毫米 1/16 印张:16¼ 字数:404千字
2021年6月第二版 2024年5月第六次印刷
定价:**59.00**元
ISBN 978-7-112-26236-6
(37583)

# 本书编委会

主　　编：赵志刚　　隗　伟

副 主 编：武世平　　陆总兵　　李俊界　　张　强　　米　杰　　宋新骥

参编人员：蒋贤龙　　陈建涛　　王　宁　　龚剑影　　于忠强　　张小林

　　　　　王力丹　　时伟亮　　曹健铭　　李　宏　　薄虎山　　赵得志

　　　　　殷　亿　　杨　培　　敖　焱　　闫　亮　　崔志强　　周文文

　　　　　曹　勇　　康学谦　　赵贺飞　　尹　亮　　王政伟　　方　园

　　　　　李大炯　　王　帅

# 前　言

　　《建筑工程高级管理人员实战技能一本通系列丛书》自出版以来深受广大建筑业从业人员喜爱。本次修订在原版基础上删除了一部分理论知识，增加了一部分与建筑施工发展有关的新内容，书籍更加贴近施工现场，更加符合施工实战，能更好地为高职高专、大中专土木工程类及相关专业学生和土木工程技术与管理人员服务。

　　此书具有如下特点：

　　1. 图文并茂，通俗易懂。书籍在编写过程中，以文字介绍为辅，以大量的施工实例图片或施工图纸截图为主，系统地对项目总工工作内容进行详细地介绍和说明，文字内容和施工实例图片直观明了、通俗易懂。

　　2. 紧密结合现行建筑行业规范、标准及图集进行编写，编写重点突出，内容贴近实际施工需要，是施工从业人员不可多得的施工作业手册。

　　3. 学习和掌握本书内容，即可独立进行项目总工工作，做到真正的现学现用，体现本书所倡导的培养建筑应用型人才的理念。

　　4. 本次修订编辑团队更加强大，主编及副主编人员全部为知名企业高层领导，施工实战经验非常丰富，理论知识特别扎实。

　　本书由中信国安建工集团赵志刚担任第一主编，由深圳建业工程集团股份有限公司总工程师隗伟担任第二主编；由北京住总第一开发建设有限公司武世平、南通新华建筑集团有限公司陆总兵、北京城建集团有限责任公司李俊界、北京城建北方集团有限公司张强、中电投电力工程有限公司米杰、中建铁路工程总承包公司宋新骥担任副主编。本书编写过程中难免有不妥之处，欢迎广大读者批评指正，意见及建议可发送至邮箱 bwhzj1990@163.com。

# 目　　录

# 1 项目总工的职业规划与职场建议

## 1.1 项目总工的工作内容

为什么项目总工对一个工程项目至关重要，这主要是由项目总工的工作内容决定的，其工作成效对项目的安全、质量、工期、成本等管理目标有重大影响，具体说来，项目总工的主要工作内容有：

（1）编制组织设计，制定技术方案

主持编制项目实施性施工组织设计，制定项目重大技术方案。

在项目管理上要讲求双预控，即方案预控、成本预控，两者相辅相成，其中方案预控是前提，必须在制定最优化的施工组织设计及完善项目重大技术方案的前提下，通过合理的项目组织架构，加强执行力度，才能实现项目安全、质量、工期可控，并最终实现项目的成本管理目标。当然在制定方案时项目总工要和各个相关部门进行沟通，制定最优方案。

在制定方案的过程中必须弄懂几个概念性问题：

1）施工组织设计分类；

2）施工组织设计基本内容；

3）单位工程施工组织设计编制要点。

项目总工编制施工方案的另一个基本功底是掌握一定的计算能力，包括：

1）卸料平台的受力计算；

2）塔式起重机基础的计算；

3）脚手架及模板支架的受力计算，尤其是高大模架的受力计算；

4）运用软件计算技巧一定要掌握。

（2）对工程变更洽商的具体实施起领导作用

工程变更和洽商都是由项目总工来操作的，这就要求项目总工要组织研究合同文件，梳理合同工程内容，要从对我方有利的方面来寻求变更索赔，为项目寻求更大的利润空间，做到"节流"与"开源"并举。

想要做好这项工作必须要掌握：

1）工程联系单、工程洽商记录、工程签证、设计变更及其区别；

2）编写工程洽商的技巧；

3）工程变更洽商执行流程制度；

4）如何做好现场签证以及工程签证。

（3）负责技术管理，培养优秀人才

负责项目的技术管理工作，着力进行项目技术人才培养，对项目技术人才队伍的建设负有不可推卸的责任。

## 1 项目总工的职业规划与职场建议

项目的技术管理工作多而杂，这些工作包括专项方案编制、技术交底及现场指导、测量及试验工作、技术资料的收集整理工作、科技创新工作、贯标工作、图纸会审、竣工验收等。

项目总工要安排好每项技术工作的具体落实，并检查每项技术工作的完成质量。与此同时，培养技术人才也是项目总工的重要职责，现在的技术干部队伍中，年轻人占绝大多数，年轻的技术人员能否尽快成才，项目部承担主要责任。这就要求由项目总工对项目培训和学习方面进行策划和组织。项目总工要在工作中安排大家学习规范和各种管理知识以及进行各种培训，促进技术人员的快速成长。

1）做好技术交底工作必须熟知的内容：

① 技术交底的作用与分类；

② 技术交底编制要求；

③ 技术交底编制重点；

④ 技术交底实施方法；

⑤ 技术交底管理程序及注意事项。

2）做好图纸会审工作的关键：

① 掌握图纸会审流程；

② 掌握图纸会审技巧；

③ 掌握图纸会审注意事项；

④ 掌握图纸会审审查内容。

3）做好竣工验收工作必备技能：

① 熟悉竣工验收程序；

② 熟悉单位工程竣工验收应具备的条件；

③ 熟悉工程竣工验收检验事项。

4）技术管理工作主要内容：

① 技术管理工作概述；

② 技术管理基础工作；

③ 工程资料管理；

④ 施工组织设计；

⑤ 施工方案；

⑥ 技术交底；

⑦ 新技术研究与应用；

⑧ 深化设计管理；

⑨ 建筑工程施工信息化技术管理。

（4）正确处理外部关系

做好项目管理工作，正确处理外部关系，创造良好的外部环境。

项目需要处理的外部关系很多，此处不一一列举，其中主要由项目总工来处理的外部关系包括与业主、设计、监理及政府监管部门等方面的关系，项目总工应根据各方的特点掌握好与之打交道的方法与技巧，并制定技术、安全等相关业务部门的工作策略，创造一个相对宽松的外部环境。以上是项目总工的主要工作内容，当然项目总工的工作不限于以上方面，对内还得处理好各部门之间的相互协调关系，处理好与项目其他领导之间的关系，以及建立与公司相关职能部门的良好沟通渠道。可以说，工作千头万绪，项目总工除了需要具备必备的业务知识外，还需要具备过硬的工作作风以及良好的人格魅力，否则很难胜任。

要想系统地做好项目管理工作，必须掌握以下内容：

1）施工项目管理概述；

2）施工项目管理组织；

3）施工项目进度管理；

4）施工项目质量管理；

5）施工项目成本管理；

6）施工项目安全管理；

7）施工项目劳动力管理；

8）施工项目材料管理；

9）施工项目机械设备管理；

10）施工项目技术管理；

11）施工项目资金管理；

12）施工项目节能减排与环境保护管理；

13）施工项目现场管理；

14）施工项目采购管理；

15）施工项目合同管理；

16）施工项目风险管理；

17）施工项目协调；

18）施工项目信息管理；

19）施工项目竣工验收及回访保修；

20）施工项目档案管理。

## 1.2　项目总工应具备的能力素质

（1）掌握过硬的业务知识，具有持续学习的能力

项目总工是一个项目的技术总负责人，是项目全体技术人员的主心骨，过硬的业务知识是一切工作的前提，如果自己业务不熟练，一知半解，工作作风就会陷于漂浮、务虚，安排工作可能会脱离实际，在该决策时可能犹豫不决，对工作有百害而无一利。

过硬的业务知识从哪里来？来自于平时工作的积累，我们不能要求一个人对什么都懂，对什么都专，但至少有一点，本项目所涉及的施工技术要掌握；公司关于技术、安全、质量管理的各项制度要熟悉；对于项目技术管理的工作程序，平时要注意观察、学习和总结。只要有一个好的态度，不懂的可以学会，会了的可以变得更精通，"工欲善其事，必先利其器"，掌握了过硬的业务知识，说起话来有底气，有了责任敢承担，关键时刻能拍板定论，可以得到同事及下属的信任，所制定的方案容易贯彻执行，工作起来也会得心应手。

持续学习的能力很重要，过硬的业务知识要靠持续学习来取得，实际上，通过两个项目我们对施工现场就会有一定的了解，但是需要学习和改进的东西还很多，每一个工程遇到的情况都不同，有地质及水文情况的不同、有建筑形状及施工方法的不同、有地面施工环境的不同、有工期要求的不同，等等。

在编制方案、组织施工时要根据具体情况，在借鉴已有施工经验的同时，要有所创新、有所改进、有所总结，以逐步丰富和提高我们的建筑施工技术。

（2）要具备优良的工作作风

优良的工作作风需要在工作过程中逐步锻炼、沉淀、积累，对于技术干部来讲，主要体现在以下几个方面：

1）提倡务实，反对务虚。

何为务实？何为务虚？举个例子，要求每个人写个人总结，有的人能够结合自己的工作实际，写得比较具体，甚至能够结合工作中的具体事例得出自己的体会和感受，这就是务实；这不仅仅是写一份个人总结，而是要形成这样一种务实的风气。

项目的技术工作也是一样，譬如说现场的技术交底、作业指导书等，编制得很整齐，专柜专盒，应付检查没问题，但如果没有按程序组织交底和技术指导，就不能起到应有的作用，这就是务虚。务虚的作风造成的恶果对工作就是漂浮、不切实际、无法执行，对个人就是喜欢说空话、大话、眼高手低。项目总工要带头克服这种坏习惯。

2）提倡雷厉风行，反对拖沓、散漫。

新项目工程工作的时效性要强，如果不限时完成，任务很容易"堆积"起来，所造成的后果就是对堆积的问题粗糙处理，蒙混过关，甚至不处理，留下隐患。所以对待一项工作，无论是施工现场的技术指导、技术交底，还是技术方案的编制和报送，都要有雷厉风行的快节奏，不可一拖再拖，养成拖沓、散漫的习惯。

作为项目总工一定要注意这一点，这是争取技术工作主动、克服被动局面的关键。有的技术工作是拖延不得的，譬如测量工作，小拖延可能酿成大麻烦。

3）工作严谨细致，反对马虎粗心。

这一点从投标工作中最能反映出来，严谨细致、反复校对是减少工作失误、避免责任事故的关键。因工作马虎粗心造成投标失误的情况时有发生。

我们在编制技术方案、技术交底时也经常有语句不通、错别字等现象，自己写的东西不经过检查校对就上报，这不是水平问题，而是马虎粗心问题。如果在测量工作和技术交底上养成马虎粗心的习惯，往往会付出惨重的代价。

4）工作认真负责，反对敷衍塞责。

认真负责是责任心、工作态度的体现，工作态度决定工作标准，一项工作安排下来，如果管理人员抱着认真负责的态度，认真检查桩位、标高等关键过程控制，分析控制不到位可能会造成的不良后果，从而对可能造成这些不良后果的关键环节加强监控。

反之，如果管理人员抱着敷衍塞责的态度，他可能就会侥幸地认为这项检查不做也不会有事。项目总工要特别警惕这种情况，对这种敷衍塞责的行为要坚决制止，许多质量、安全事故都是由这种不负责任的行为造成的。

（3）要有好的个人品质，树立良好的人格

好的品格包括很多方面，作为项目总工，应该把握以下几点：

首先，要公平正直，对人对事的评价要站在事实的立场上说话，而不是以个人的喜恶作为评判标准。譬如说项目上评选先进，就要以个人的实际工作为依据，而不能说这个人跟我关系好就选他，不好就不选他，要有起码的是非观念。

其次，胸怀要宽，不能器量狭小，要以提高个人素质为基本点，不要过分看重眼前的一点小权小利，要从个人长远发展出发，有时即使暂时被误解，也要淡然处之，在对待荣誉、利益、权力上，不去争，要靠自己的工作能力和个人品质去自然获得。打个比方，现在公司发展很快，不断有新的中标项目，人员提拔、调动的速度很快，你可能认为某个人资历、能力水平跟你差不多，甚至不如你，而他得到提升，成了你的上级。你如何对待，是怨天尤人，埋怨领导没眼光，任人不当；还是心平气和，正视自己的缺点，支持新上司的工作？这是两种截然不同的态度，前一种态度可能使你消沉，变得一蹶不振，而后一种态度则可使你克服自身缺点，能力素质得到提高，也让领导、同事发现你身上的闪光点，机遇也将随之而来。要相信，有能力就会有机会，真正有用的人才是不会被埋没的。

最后，要以身作则，以诚待人。有的管理人员埋怨，我说的话别人不听，或者说我的安排执行不下去，那就要想想自己，是否做到了以身作则，以诚待人。

如果说你的意见是正确的，你又在带头努力去做，别人怎么可能不听；如果你安排工作是从实际需要出发，而不是出于私心，也不可能执行不下去。"其身正，不令而行；其身不正，虽令不从"，自己要求的事自己做不到，就是喊破嗓子也没人听，当然更无法执行。

## 1.3 项目总工应注意的工作方法

### 1.3.1 对内技术管理方面

项目内部技术管理是基础，我们经常讲夯实基础，对项目来讲，就是要将技术管理工作做扎实。项目总工要做好内部技术管理工作，然后用充足的精力去处理对外关系及变更洽商。

在实施性施工组织设计编制及项目重大技术方案的确定上，项目总工既要有自己的独到见解，还要虚心听取别人的意见和建议，必要时组织评审，避免出现重大技术方案的失误。在干过同类工程，已有一定经验的基础上，还要根据具体情况，有创新精神和创新意识，避免生搬硬套、墨守成规。

在技术人员的培养方面，项目总工要多组织方案研讨及技术交流活动和各种培训工作，并及时将公司培训内容下传，以促使技术人员尽快成才。

### 1.3.2 对外交往方面

项目总工需要处理的外部关系主要有业主、监理、设计等，各地办事习惯不同，不好一概而论，但是一个基本点就是，不管对哪一方，我们都要把他们当"顾客"来对待。要经常换位思考，站在他们的角度想问题，千万不要指望别人替我们承担责任，业主代表、现场监理也有来自各方的压力，所以我们要帮助他们消除压力，譬如说现场做利落一些、资料做完整仔细一些，这样在每次的检查评比中他们会有面子，对我们会心存感激，也就比较容易相处了。对待设计单位则不一样，由于在设计方面的权威，设计人员往往敢于承担责任，我们可以多做工作，加深与他们的合作，在工程变更方面争取他们的理解与支持。

### 1.3.3 洽商管理及变更索赔方面

在洽商管理及变更索赔方面，项目总工要早参与、早研究，实际上很多新工程的项目总工在招标投标阶段就已经参与。对待变更设计的态度方面，项目总工还是要全力去争取，哪怕取得的直接效益并不大，但是通过变更，方便了施工，加强了与业主、设计、监理之间的关系，软化了外部环境，也便于项目管理。

在变更设计的切入点方面，要吃透技术图纸和合同文件，总之把握两点，一是有利可图，二是方便施工。

## 1.4 有效执行的核心及最佳的工作标准

工作到位，是对执行力的深层解读，也是完成任务的关键所在。做到只是及格，做到位才是优秀，本书以"到位"为核心理念，告诉学员如何做一个"到位型员工""到位型领导"，如何建立"到位型组织"！

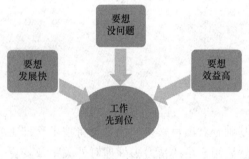

图 1-1 工作到位影响因素

### 1.4.1 有效执行的核心

（1）要由做没做转变为做得怎么样？做好了没有？

（2）到位不到位，相差一百倍，见图 1-1～图 1-4。

（3）要想发展快，工作先到位。

问题：怎样的人在单位会有最大最快的发展？

先与历年价格比较，然后与类似工程比较，再与市场价格比较，最后预算出控制价

图 1-2 地铁项目招标投标大会

解决施工现场劳动力不足问题

约谈施工队长、劳务公司领导、劳务老板了解原因（资金、人力）

积极联系闲置班组

图 1-3　施工问题解决

比如钢筋隐蔽验收

做法一：现场转一圈算验收完了

做法二：拿着图纸一一对照检验，提出需要整改的地方

图 1-4　施工现场验收

结论：工作格外到位！

在别人应付时，以最负责的态度去工作；

在别人敷衍形式"做了"时，把"做好"才叫"做了"；

在别人难以做到让领导满意时，要好到出乎上级意料；

把工作做到位，超级机会不请自来；

到位的力度与发展的速度成正比。

（4）要想没问题，工作先到位，见图 1-5。

要想不误事，避免想当然，少一点先入为主；拿不准的事一定要找有关方面确认；有变化要及时汇报

图 1-5　出问题的现场

（5）要想效益高，工作先到位，见图1-6。

图1-6 招标"三公"原则

## 1.4.2 工作到位的3大要点

（1）确定最佳的工作标准，见图1-7。

图1-7 模板搭设

1）要么第一要么唯一，见图1-8。

图1-8 外设效果

（a）外观较差架体；（b）外观较好架体

2）标准上比，待遇下比，见图1-9。

图1-9 建造师考试学习

3）满足要求超出期望。

（2）理解不走样结果不打折，见图1-10。

接受工作不走样；按最佳标准将工作执行到位，绝不打折

图1-10 施工现场验收

怎么做到理解不走样结果不打折？

1）养成随时带上笔记本记录的习惯，见图1-11；

2）一定要问明白，不要糊里糊涂去做；

3）听完之后，复述一遍，确保没有遗漏；

4）对于容易出错的地方，再三确认；

5）紧咬目标不松劲；

6）求真务实不忽悠。

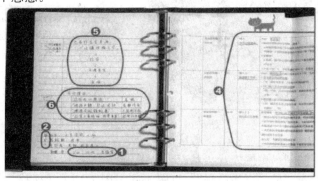

图1-11 施工过程笔记

（3）细节务必做到完美，见图1-12。

> 一根火柴不到半毛钱，一栋房子价值数百万元，但一根火柴可以烧毁一栋房子；不仅要重视细节，就算再小的细节也要力求做到完美

图 1-12　施工现场石材打胶

1）小事放光就是大事，见图1-13、图1-14。

> 就算再熟悉的事情，也要有最高的标准，这也正是为什么有的人一辈子都普普通通，而有的人却出类拔萃的根本原因

图 1-13　施工资料册

> 再简单的事，也要把它做到极致，不要老想着天边的事，还要学会做好手边的事

图 1-14　工程资料归档

2）不仅要无可挑剔，更要人永久难忘，见图1-15。

3）将细节打造为"最佳行为准则"，见图1-16、图1-17。

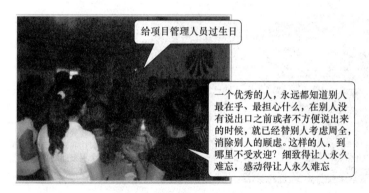

图 1-15 给施工人员庆生

图 1-16 施工最佳行为准则

图 1-17 消防器材管理

## 1.5 确保工作到位的 5 大心态和 5 大思维

### 1.5.1 确保工作到位的 5 大心态

确保工作到位的 5 大心态，见图 1-18。

（1）责任心态：自己为重→工作为重

1）工作提前，自我靠后，见图 1-19。

2）没有借口、问题在我。

出现问题不找理由与借口，总是从自己身上找原因。见图 1-20。

3）心中有责、无所分外。

分内分外，计较一番得失，生怕比别人多做了一点点，好的机会又怎么会轮到你。见图 1-21。

（2）称职心态：一定努力→一定得力

努力不等于得力。

什么叫称职？就是你所做的与这个职位对你的要求相符合、相一致，否则就是盲干、死干、蛮干。努力加上得力，工作才能做到位，见图 1-22。

图 1-18 工作到位 5 大心态

图 1-19　钢筋现场验收

图 1-20　现场施工

图 1-21　工程现场勘测

图 1-22　施工现场工作

（3）主动心态：要我到位→我要到位

算盘珠子：拨一下，动一下，你不拨它，它就算是烂在算盘上，也绝对不会自己动一动。

（4）专业心态：差不多→零缺陷

工作零缺陷，多用"找错"放大镜。

要想工作圆满，多想"万一"，见图 1-23。

> 万一出现意外和变化，怎么办？
> 万一我体会错了别人的意思，怎么办？
> 万一别人没有真正体会我的意思，怎么办？

图 1-23 施工现场问题

（5）空杯心态：自大自满→时刻归零

止步者难以胜利，胜利者决不止步。

海尔张瑞敏：我们的产品应该"零库存"，我们的成功也应该"零库存"。

平安保险马明哲：每一天都是一个原点。

每一次工作都应从零开始，每天都应以崭新的心态去学习新东西。

放得下，拿得起。

把抱怨当提升工具，把批评当成长补品。

王老吉陶应泽：

1）批评是你来承担因果：挨批总有自身的原因。

2）批评是一种"增上缘"（帮助你往上发展的机缘）。

3）一流的人不仅要善待批评，还要主动征求批评。

## 1.5.2 确保工作到位的 5 大思维

确保工作到位的 5 大思维，见图 1-24。

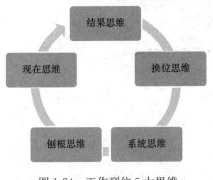

图 1-24 工作到位 5 大思维

（1）结果思维：做好才是做了

完成差事：领导要办的办了→对程序负责。

例行公事：该走的程序走过了→对形式负责。

应付了事：差不多就行→对苦劳不对功劳负责，见图 1-25。

结论：完成任务≠执行；执行是有结果的行动，见图 1-26。

（2）刨根思维：打破砂锅问到底

拒绝浮躁，学会深耕。

与其四处"蜻蜓点水",不如一处彻底做透。蜻蜓点水最突出的表现就是浮于表面、浅尝辄止,不愿意深入。

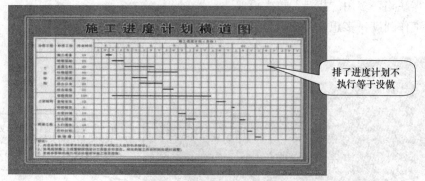

图 1-25 施工进度计划横道图

图 1-26 渣土消纳许可证

问透才有大效益。

郑板桥:读书好问,一问不得,不妨再问。

问透所有相关可能性;问透客户真正的需求;问透问题的根源。

现地现物:有问题,现场解决,见图 1-27。

> **现地:** 指要到问题发生的地点去解决问题;
>
> **现物:** 到根源寻找事实,才能以最快的速度做出决策。

> **我的问题:** 在谈问题时,只许用"我",而不许用"我们"——只要是我的问题,解决问题的关键就在"我"。

> **现在的问题:** 只有"现在"的问题,没有"过去与将来"的问题——只要是现在的问题,就要"现在"解决。

图 1-27 现场问题解决办法

(3)系统思维:以有机性达到最优化

系统思维包括以下三点:

全面性:就是要考虑到问题的方方面面。

有机性:系统各部分之间不是机械联系,而是有机联系,有时还会牵一发而动全身,甚至一个小的环节都会影响最终的效果。

最优化：达到最佳效果。见图 1-28。

图 1-28 模板支撑体系现场问题

结构质量由钢筋、模板、混凝土等各部分综合质量决定，每个过程都会影响结果

（4）换位思维：假如我是他，我会怎样？

要想公道，打个颠倒；

站在使用者的位置去体验效果；

站在感受者的角度去体验心情；见图 1-29。

图 1-29 过节慰问劳务队

（5）现在思维：生命若不是现在，那是何时？

最好的时机在现在。

每一天都是特别的日子。活在当下，才能把握生命、把握工作。

与其盯着新闻，不如常照照镜子，见图 1-30。

图 1-30 时时学习，积累经验

15

## 1.6 确保工作到位的 36 字准则

确保工作到位的 36 字准则，见图 1-31。

勇担当、守承诺、不抱怨

勤准备、多预防、重检查

写下来、问清楚、说明白

要反思、必复命、定流程

图 1-31 工作到位 36 字准则

### 1.6.1 对 36 字准则的理解

（1）勇担当：责任胜于能力，见图 1-32。

承担责任让人能力变得更强；

多一份责任就多一次锻炼与学习的机会。

责任是能力的核心与统帅；人一旦受责任感的驱使，就能创造出奇迹来。

混凝土浇筑工长盯现场

图 1-32 施工现场勇担当

（2）守承诺：说到不如做到，要做就做最好。

（3）不抱怨，见图 1-33。

如果不喜欢一件事，就改变那件事；如果无法改变，就改变自己的态度。不要抱怨。

我们的话表明我们的想法，我们的想法又创造了我们的生活。你发出的抱怨和牢骚越多，你所招惹来的抱怨、牢骚和负面能量也会越来越多……

不批评、不责备、不抱怨。抱怨会让我们陷入一种负面的生活、工作态度中，常在他人身上找缺点。不抱怨的人一定是最快乐的人，没有抱怨的世界一定是最美好的。

图 1-33 不抱怨三条原则

（4）勤准备：一日之计在于昨天晚上，见图 1-34。

（5）多预防：做好多层防火墙，见图 1-35。

把事情想复杂，做起来就简单；

把事情想简单，做起来就复杂。

图 1-34 凡事都需要认真准备

图 1-35 模板施工现场

（6）重检查。

不检查等于不重视，人们不做你期望的，只做你检查的。凡事都要检查，检查越到位，工作就越到位。

（7）写下来，问清楚，说明白。

复述避免白忙乎，确认保证不走样；

多些手写备忘录，少些脑写备忘录。

说明白的三大要点：说"一、二、三"；重视讲话的次序：结果、总结，别人最在乎、最关心、最想知道的，一定要先说；学会简单与精准。

（8）要反思：在总结中不断提升。

准备是成功之母，总结是胜利之父。

最优秀的人，往往都是能够从成功中获取经验，从失败中吸取教训，不断提升自己的人。

（9）必复命：及时复命，让业绩不打折。

四小时复命制：对任何命令不管完成与否，都必须在规定的时间内向下令人复命，复命时间一般为四小时。

（10）定流程：信聪明信自觉不如信流程，见图 1-36。

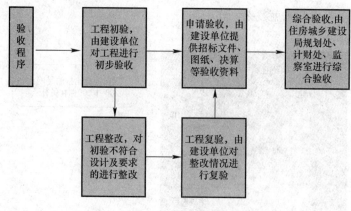

图 1-36 验收流程

## 1.6.2 为什么管理人员工作不能到位?

工作不到位源于管理不到位,97%以上的执行不到位源于管理不到位!管理不到位源于对管理的错误理解和缺乏管理的意识及必要的技能。

(1) 明确原理:明确就是力量/执行十不知

1) 不知道执行的任务;

2) 不知道执行的标准;

3) 不知道如何来执行;

4) 不知道缺乏执行力;

5) 不知道后果是什么;

6) 不知道为何执行;

7) 不知道执行好处;

8) 不知道为谁执行;

9) 不知道谁来执行;

10) 不知道何时执行。

(2) 修路原则

修路原则:

人没错,路错了;员工没错,管理错了。

出现问题不要只抱怨司机问题;发现问题立即修路。

执行不到位;等于没执行;执行不到位;不如不执行。

## 1.7 总工在新项目快速入手的三阶段

### 1.7.1 施工准备阶段

(1) 组织主要管理人员学习资料文件:

1) 合同文件:招标图纸、招标文件、补充协议、施工合同、施工图纸、建设单位下发各种文件;

2）提前组织购买纸质版规范、标准、规程、验标、指南等，并组织学习；

3）去行政主管部门如质监站咨询当地特殊要求，组织学习建设单位及当地政府部门相关要求；

4）通过组织管理人员学习企业上级相关管理办法或制度及文件，达到快速提升管理人员管理能力的同时避免项目管理人员因为不熟悉公司制度和流程在管理上走弯路，尤其是学习招采合约等方面的相关要求。

（2）熟知履约要求、预付款条款、变更条款、临建标准要求、各项目标等。组织项目管理人员学习总包合同、分包合同等。了解是否有甲供材或指定品牌的相关要求。

（3）组织技术部、工程部整理各种边界条件、工作界面划分，为后续工程招采及现场管理打下坚实基础。

（4）组织技术管理人员进行图纸核对，做好设计优化策划工作，并与预算部门结合为二次经营做准备。

（5）组织相关各方人员现场调查和测量，确定临建方案，为临建搭设做准备，在此期间必须了解清楚甲方、监理需求，按照合同要求给甲方及监理提供房间数量，并结合总包需求配置办公室等临时设施。

（6）编制项目策划（掌握各种边界条件，分析项目特点、重、难点及对策，明确项目区段划分及总体施工顺序、各种资源需求、工期目标、临建规划、二次经营策划等），深度策划、巧妙规划、细心计划、严格执行。

（7）组织人员进行危险源辨识、环境因素识别，列出危险源清单、环境因素清单；编制安全管理措施、环境保护措施；编写应急预案、重大环境因素管理方案。

（8）组织技术人员编制实施性施工组织设计及开工报告需要的各种资料（原材料调查及确定来源、试验配合比、人员设备配置及进场计划等）。

（9）组织技术人员编写各种专项方案（临电、临建、深基坑支护、降水、塔式起重机安拆、模板、钢筋、混凝土、外架等），需要专家评审的列出评审计划，按照计划进行评审及上报监理等工作。

（10）明确各种用表样式。各种施工记录、检验批、试验、测量交底、监测记录、安全巡查、技术交底、培训记录、会议记录等，当地政府有要求的按照地方要求执行。

（11）规划并完成现场各种图、表、牌的设计、制作、悬挂。

（12）编制内部技术管理办法、技术培训及其他管理制度。

（13）参与并建议分包策划，确保便于管理、分包内容合理。

（14）组织相关人员到类似在建项目观摩学习。

（15）加强与建设单位、设计单位、监理单位、检测机构等各方的密切联系，为项目的顺利施工创造更多有利条件（包括二次经营）。

（16）对项目技术管理统一性的准备工作。

（17）制作较好的汇报PPT资料模板，为本项目以后各种汇报打好基础。

## 1.7.2　施工阶段

（1）明确并组织管理人员落实各工序施工工艺流程。重点控制好两个"量"，即工程数量和工程质量。

（2）施工实际进度与计划进度的对比分析，至少每月明确进度滞后或超前的情况，并分析原因，组织落实针对性方案。

（3）明确并落实各工序质量控制标准及检查方法。

（4）做好过程资料管理工作，要求各个管理人员各种施工过程资料要：及时、准确、闭合、完善、分类归档。

（5）组织分部分项工程阶段或期中验收评定。

（6）抓好测量和试验工作：高度重视测量复核、精度达标；各种混凝土抗压强度统计分析、适当优化。

（7）给管理人员分工，组织做好各种施工音像资料的定期收集、整理、归档；加强技术内业工作的过程指导和监督。

（8）持续做好各种计划、检查、整改、验证（PDCA循环，持续改进）。

（9）加强与各方的沟通（包括业主、监理、设计、地方政府、公司等），确保形成畅通的沟通渠道，使项目管理得到各方的支持，使项目施工始终向最有利的方面转换。

（10）过程性的管理控制：重视技术方案的制定，关注技术交底，跟踪现场实施，进行效果的评价与改进。

（11）要养成施工记录的好习惯，督促检查管理人员施工日志记录及时、准确、全面；组织管理人员做好项目各种大事记录（大事记）；各种会议记录要记录完整并存档备查。

## 1.7.3　收尾阶段

（1）对剩余所有项目进行梳理，对每个单项排出计划，包括时间、资源计划，确保所有项目按时完成、资源合理利用。

（2）加大二次经营工作力度，争取将已报变更全部完善手续；同时对剩余工程是否仍有变更的可能做出评估。

（3）按照工程交验规定，分阶段组织各方进行工程交验；按照竣工资料编制办法，组织技术人员提前三个月开始组卷工作；确保在完工后规定期内完成竣工资料的编制及移交。

（4）做好半成品、成品的保护工作，在移交完成前确保外观质量不受损。

（5）做好各种技术总结的整理与上报工作。

（6）仍要保持工地的文明施工及企业形象，杜绝收尾时"脏、乱、差"的场面。

# 2 技术交底

## 2.1 技术交底的作用与分类

### 2.1.1 什么是技术交底

技术交底是施工企业极为重要的一项技术管理工作，是施工方案的延续和完善，也是工程质量预控的最后一道关口。其目的是使参与建筑工程施工的技术人员与工人熟悉和了解所承担的工程项目的特点、设计意图、技术要求、施工工艺及应注意的问题。生产负责人在生产作业前对直接生产作业人员进行的该作业的安全操作规程和注意事项的培训，应通过书面文件方式予以确认。建设项目中，分部（分项）工程在施工前，项目部应按批准的施工组织设计或专项安全技术措施方案，向有关人员进行安全技术交底。安全技术交底主要包括两个方面的内容：一是在施工方案的基础上按照施工的要求，对施工方案进行细化和补充；二是要将操作者的安全注意事项讲清楚，保证作业人员的人身安全。安全技术交底工作完毕后，所有参加交底的人员必须履行签字手续，施工负责人、生产班组、现场专职安全管理人员三方各留执一份，并记录存档安全技术交底的作用，见图 2-1。

| 技术交底记录 | | | |
|---|---|---|---|
| 年　　月　　日 | | | |
| 工程名称 | ××小区二期 6 号楼 | 分部工程名称 | 电气安装工程 |
| 分项工程名称：PVC 塑料管暗敷设工程（电线导管敷设工程） | | | |
| 交底内容<br>1. 材料要求：<br>(1) 阻燃型塑料管及其附件的指数应符合消防规范有关要求，并有产品合格证。<br>(2) 阻燃型塑料管的管壁应薄厚均匀，无气及管身变形等现象。<br>(3) 开关盒、插座盒、接线盒等塑料盒（箱）均应外观整齐，开孔齐全及无劈裂等现象。<br>(4) 镀锌材料：扁铁、木螺丝、机螺丝等。<br>(5) 辅助材料：钢丝、防腐漆、胶粘剂、水泥、砂子等。<br>2. 主要机具：<br>(1) 铅笔、卷尺、水平尺、线坠、水桶、灰桶、灰铲。<br>(2) 手锤、錾子、钢锯、锯条、刀锯、木锉等。<br>(3) 台钻、手电钻、钻头、木钻、工具袋、工具箱、高凳等。<br>3. 作业条件：<br>配合土建结构施工时，根据砖墙、加气墙弹好的水平线安装盒（箱）与管路。 | | | |

图 2-1　技术交底记录实例

### 2.1.2 技术交底的作用

使参与施工活动的每一个技术人员，明确本工程的特定施工条件、施工组织、具体技术要求和有针对性的关键技术措施，系统掌握工程施工过程全貌和施工的关键部位。使参

## 2 技术交底

与工程施工操作的每一个工人，通过技术交底，了解自己所要完成的分部分项工程的具体工作内容、操作方法、施工工艺、质量标准和安全注意事项等，做到施工操作人员任务明确、心中有数，达到有序施工、减少各种质量通病、提高施工质量的目的。

（1）细化、优化施工方案，从施工技术方案选择上保证施工安全，让施工管理人员、技术人员从施工方案编制、审核开始就将安全放到第一位。

（2）让一线作业人员了解和掌握该作业项目的安全技术操作规程和注意事项，减少因违章操作而导致事故的可能。

（3）技术交底是项目施工中的重要环节，严格意义上讲，不做交底不能开工。

### 2.1.3 技术交底的分类

（1）施工组织设计交底：重点和大型工程施工组织设计交底由施工企业的技术负责人把主要设计要求、施工措施以及重要事项向项目主要管理人员进行交底。其他工程施工组织设计交底由项目技术负责人负责。

（2）专项施工方案技术交底：由项目专业技术负责人负责，根据专项施工方案对专业工长进行交底。

（3）分项工程施工技术交底：由专业工长对专业施工班组（或专业分包）进行交底。"四新"技术交底：由项目技术负责人组织有关专业人员编制并进行交底。

（4）设计变更技术交底：由项目技术部门根据变更要求，并结合具体施工步骤、措施及注意事项等对专业工长进行交底。

（5）测量工程专项交底：由工程技术人员对测量人员进行交底。

（6）安全技术交底：负责项目管理的技术人员应当就有关安全施工的技术要求向施工作业班组、作业人员进行交底。

## 2.2 施工技术交底的编制要求

施工技术交底要按照"一切以数据说话"的原则进行编制。凡在技术交底中出现的数据必须完全符合现行施工技术规范、质量验收规范以及图纸中规定的数据。技术交底内容要全面。

必须符合建筑工程施工规范、技术操作规程、质量验收规范、工程质量评定标准等的相应规定。

必须执行国家各项技术标准，包括计量单位和名称。

符合与实现设计施工图中的各项技术要求，应符合和体现上级技术领导技术交底中的意图和具体要求。

应符合和实施施工组织设计或施工方案的各项要求，包括技术措施和施工进度等要求，对不同层次的施工人员，其技术交底深度与详细程度不同，也就是说对不同人员其交底的内容深度和说明方式要有针对性。技术交底应全面、明确，并突出要点；应详细说明怎么做，执行什么标准，其技术要求如何，施工工艺与质量标准和安全注意事项等应分项具体说明，不能含糊其辞。在施工中使用的新技术、新工艺、新材料、新设备，应进行详细交底，并交代如何做样板间等具体事宜。

技术交底应力求做到：主要项目齐全，内容具体明确、符合规范，重点突出，表述准确，取值有据，必要时辅以图示。对工程施工能起到指导作用，具有针对性、指导性和可操作性。技术交底中不应有"未尽事宜参照×××××（规范）执行"等类似内容。施工技术交底由项目技术负责人组织，由专业工长和/或专业技术负责人具体编写，经项目技术负责人审批后，由专业工长和/或专业技术负责人向施工班组长和全体施工作业人员进行交底。

施工技术交底应在项目施工前进行。

## 2.3 技术交底的编制重点

### 2.3.1 技术交底的编制格式

（1）表格形式，见图 2-2、图 2-3。

| 1. 工程概况 | | |
|---|---|---|
| 2. 工作内容和工作量 | | |
| 3. 质量、安全、进度、文明施工、环境保护等目标 | | |
| 4. 施工准备 | 4.1 材料准备 | |
| | 4.2 机具准备 | |
| | 4.3 作业条件及人员准备 | |
| 5. 操作工艺 | 5.1 工艺流程 | |
| | 5.2 作业准备 | |
| | 5.3 施工工艺 | |
| 6. 质量标准 | 6.1 主控项目 | |
| | 6.2 一般项目 | |
| | 6.3 质量控制点 | |
| 7. 成品保护 | | |
| 8. 安全与环境 | | |
| 9. 施工注意事项 | | |

图 2-2 图表形式技术交底实例

**电焊工操作安全技术交底**

| 施工单位名称 | | 单位工程名称 | | |
|---|---|---|---|---|
| 施工部位 | | 施工内容 | | |
| 安全技术交底内容 | 1.电焊机外壳必须接地良好，要有触电保护器，电源的拆装应由电工完成。<br>2.电焊机要设单独的开关，开关应在防雨的开关箱内。<br>3.焊钳与把线必须绝缘良好、连接牢固，更换焊条要戴手套。在潮湿地点工作，应站在绝缘胶板或木板上。<br>4.严禁在带压力的容器或管道上放焊，焊接带电的设备必须先切断电源。 | | | |
| 施工现场针对性安全交底 | | | | |
| 交底人签名 | | 接受交底负责人签名 | | 交底时间　　年　月　日 |
| 作业人员签名 | | | | |

注：本表一式两份，班组自存一份，资料室归档一份。

图 2-3 电焊工操作安全技术交底实例

（2）流程图格式，见图 2-4、图 2-5。

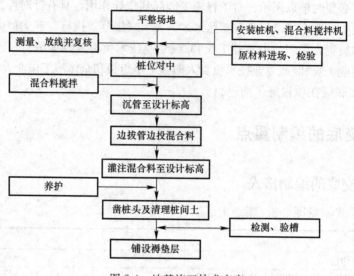

图 2-4 地基施工技术交底

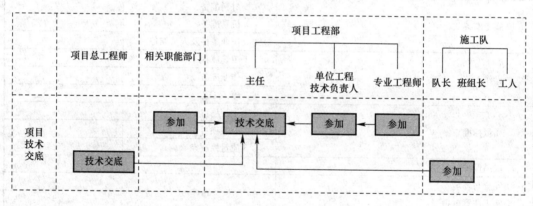

图 2-5 施工技术交底管理流程

## 2.3.2 施工技术交底包括的内容

（1）施工单位总工程师向项目经理、项目技术负责人进行技术交底的内容应包括以下几个主要方面：

1）工程概况及各项技术经济指标和要求；

2）主要施工方法，关键性的施工技术及实施中存在的问题；

3）特殊工程部位的技术处理细节及其注意事项；

4）新技术、新工艺、新材料、新结构施工技术要求与实施方案及注意事项；

5）施工组织设计网络计划、进度要求、施工部署、施工机械、劳动力安排与组织；

6）总包与分包单位之间互相协作配合关系及其有关问题的处理；

7）施工质量标准和安全技术；尽量采用本单位所推行的工法等标准化作业。

（2）项目技术负责人向单位工程负责人、质量检查员、安全员进行技术交底的内容包括以下几个方面：

1）工程情况和当地地形、地貌、工程地质及各项技术经济指标；

2）设计图纸的具体要求、做法及其施工难度；

3）施工组织设计或施工方案的具体要求及其实施步骤与方法；

4）施工中具体做法，采用什么工艺标准和本企业哪几项工法；关键部位及其实施过程中可能遇到的问题与解决办法；

5）施工进度要求、工序搭接、施工部署与施工班组任务确定；

6）施工中所采用主要施工机械的型号、数量及其进场时间、作业程序安排等有关问题；

7）新工艺、新结构、新材料的有关操作规程、技术规定及其注意事项；

8）施工质量标准和安全技术具体措施及其注意事项。

（3）专业工长向各作业班组长和各工种工人进行技术交底的内容包括以下几个方面：

1）侧重交清每一个作业班组负责施工的分部分项工程的具体技术要求和采用的施工工艺标准或企业内部工法；

2）分部分项工程施工质量标准；

3）质量通病预防办法及其注意事项；

4）施工安全技术交底及介绍以往同类工程的安全事故教训及应采取的具体安全对策。

## 2.3.3 技术交底编制重点

1. 土方工程

土方工程技术交底编制重点：

（1）地基土的性质与特点；

（2）各种标桩的位置与保护办法；

（3）挖填土的范围和深度，放边坡的要求；

（4）回填土与灰土等夯实方法及密度等指标要求；

（5）地下水或地表水排除与处理方法；

（6）施工工艺与操作规程中有关规定和安全技术措施，见图2-6。

**安全技术交底**

| 工程名称 | | | | 施工部位或层次 | |
|---|---|---|---|---|---|
| 施工内容 | | 交底项目 | | 交底日期 | |

交底内容：
1. 作业人员必须严格遵守施工现场管理奖惩制度。
2. 操作人员必须正确佩戴个人防护品，不得穿"三鞋"、打赤膊上班。
3. 作业人员在操作前应检查好自己使用的工具是否牢固，洋镐、铁铲是否会脱柄等。
4. 作业人员进入施工现场操作前，首先要检查作业场所是否存在人的不安全行为和物的不安全状态，不得冒险作业。
5. 不许在挖掘机转动范围内停留、操作。
6. 多人清理基坑，挖土之间的距离应大于2m以上。
7. 视土质的松软情况进行放坡，根据施工组织设计方案进行开挖，严禁采用掏空的方法挖取土。
8. 基坑内挥土时应注意他人出入，堆土要离基坑边缘1m以外，高度不得高于1.5m。

图2-6 土方开挖安全技术交底实例

2. 砖石砌筑工程

砖石砌筑工程技术交底编制重点：

(1) 砌筑部位；

(2) 轴线位置；

(3) 各层水平标高；

(4) 门窗洞口位置；

(5) 墙身厚度及墙厚变化情况；

(6) 砂浆强度等级，砂浆配合比及砂浆试块组数与养护；

(7) 各预留洞口和各专业预埋件位置与数量、规格、尺寸；

(8) 各不同部位和标高砖、石等原材料的质量要求；

(9) 砌体组砌方法和质量标准；

(10) 质量通病预防办法、安全注意事项等。

3. 模板工程

模板工程技术交底编制重点：

(1) 各种钢筋混凝土构件的轴线和水平位置、标高、截面形式及几何尺寸；

(2) 支模方案和技术要求；

(3) 支撑系统的强度、稳定性具体技术要求；

(4) 拆模时间；

(5) 预埋件、预留洞的位置、标高、尺寸、数量及预防其移位的方法；

(6) 特殊部位的技术要求及处理方法；

(7) 质量标准及质量通病预防措施、安全技术措施，见图 2-7、图 2-8。

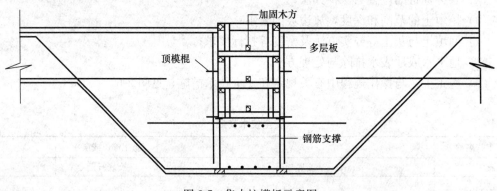

图 2-7　集水坑模板示意图

4. 钢筋工程

钢筋工程技术交底编制重点：

(1) 所有构件中钢筋的种类、型号、直径、根数、接头方法和技术要求；

(2) 预防钢筋位移和保证钢筋保护层厚度的技术措施；

(3) 钢筋代换的方法与手续办理；

(4) 特殊部位的技术处理；

(5) 有关操作，特别是高空作业注意事项；

**模板工程安全技术交底**

| 单位（子单位）工程名称 | | | | |
|---|---|---|---|---|
| 分部（子单位）工程名称 | 主体结构 | | 分项工程名称 | 模板安装与拆除 |
| 施工单位 | | | 项目负责人 | |
| 交底人 | ×××| 接受交底人数 | 40 | 作业班组 | 木工 |

| | |
|---|---|
| 现场安全技术交底内容 | （1）模板工程作业高度在2m和2m以上时，应根据高空作业安全技术规范的要求进行操作防护。<br>（2）支模应按规定的作业程序进行，模板未固定前不得进行下一道工序。严禁在连接件和支撑件上攀登上下，并严禁在上下同一垂直面安装、拆卸模板。<br>（3）支设高度在3m以上的柱模板，四周应设斜撑，并应设立操作平台，低于3m的可用马凳操作。<br>（4）支设悬挑形式的模板时，应有稳定的立足点。支设临空构筑物模板时，应搭设支架。模板上有预留洞时，应在安装后将洞盖上。<br>（5）操作人员上下通行时，不许攀登模板或脚手架，不许在墙顶、独立梁及其他狭窄而无防护栏的模板面上行走。<br>（6）模板支撑不能固定在脚手架或门窗上，避免发生倒塌或模板移位。<br>（7）模板及其支撑体系的施工荷载应均匀堆置，并不得超过设计计算要求。大模板的堆放应有防倾措施。<br>（8）冬期施工，应事先清除操作地点和人行通道的冰雪；雨期施工，对高耸结构的模板作业应安装避雷设施；五级以上大风天气，不宜进行大块模板的拼装和吊装作业。<br>（9）模板支撑拆除前，混凝土强度必须达到设计要求，并应办完模板拆除申请手续后方可进行。<br>（10）各类模板拆除的顺序和方法，应根据模板设计的规定进行，应按先支的后拆，先拆非承重的模板，后拆承重的模板和支架的顺序进行拆除。<br>（11）拆模板时必须设置警戒区域，并派人监护。拆模板必须拆除干净彻底，不得留有悬空模板。<br>（12）拆模高处作业，应配置登高用具或搭设支架，必要时应系安全带。<br>（13）拆下的模板不准随意向下抛掷，应及时清理。临时堆放离楼层边沿不应小于1m，堆放高度不得超过1m，楼层边口、通道口、脚手架边缘严禁堆放任何拆下物件。 |

图2-8 模板工程安全技术交底实例

（6）质量标准及质量通病预防措施、安全技术措施和注意事项，见图2-9、图2-10。

图2-9 钢筋工程技术交底

5. 混凝土工程

混凝土工程技术交底编制重点：

## 2 技术交底

钢筋工程技术交底

| 工程名称 | | 分部（分项）工程各工种名称 | 楼层钢筋绑扎 |
|---|---|---|---|
| 交底日期 | | 交底人 | ×× |

一、钢筋、半成品等应按规格、品种分别堆放整齐，钢筋头子/废料应及时清理。制作场地要平整，工作台要稳固，照明灯具必须加网罩。

二、钢筋的断料、配料、弯料等工作应在地面进行，不准在高空操作。

三、拉直钢筋，卡头要卡牢，地锚要结实牢固，拉ација沿线 2m 以内禁止行人。人工绞磨拉直，不准用胸、肚接触推杠，应缓慢松懈，不得一次松开。展开盘圆钢筋要一头卡牢，防止回弹，切断时要先用脚踩紧。

四、人工断料，工具必须牢固。

五、搬运钢筋要注意附近有无障碍物、架空电线和其他临时电气设备，防止钢筋回转时碰撞电线或发生触电事故。

六、多人合运钢筋，起、落、转、停动要一致，人工上下传送不得在同一垂直线上。钢筋堆放要分散、稳当，防止倾倒和塌落。

七、现场绑扎悬空大梁钢筋时，不得站在模板上操作，必须站在脚手板上操作。

八、绑扎独立钢筋时，不准站在钢箍上绑扎，也不准将木料、管子、模板穿入钢箍内作为站人板。

九、绑扎立柱、墙体钢筋时，不得站在钢筋骨架上和攀登骨架上下。

十、绑扎基础钢筋时，按施工设计规定摆放钢筋支架或马凳起上部钢筋，不得任意减少支架或马凳。

十一、在高空、深坑绑扎钢筋和安装骨架时，须搭设脚手架和马道，有条件时可挂安全网，危险区域要挂好安全带。

十二、起吊钢筋骨架，下放时边上禁止站人，必须待骨架降到距模板 1m 以下时才可靠近，就位支撑好后方可摘钩。

十三、起吊钢筋时，规格应统一，不准长短不一，不准单点起吊。

十四、切割机使用前，必须检查机械运转是否正常，是否有漏电，电源线必须进漏电保护器，切割机周边不准堆放易燃物品。

十五、高空作业时，不得将钢筋集中堆放在模板和脚手板上，也不准将工具、钢箍、短钢筋随意放在脚手板上，以免滑下伤人。

十六、钢筋骨架不论其固定与否，不得在上行走，禁止攀登骨架上下。

| 项目经理 | | 被交底负责人签名 | |
|---|---|---|---|

图 2-10　钢筋工程技术交底实例

（1）水泥、砂、石、外加剂、水等原材料的品种、技术规程和质量标准；

（2）不同部位、不同标高混凝土种类和强度等级；

（3）配合比、水灰比、坍落度的控制及相应技术措施；

（4）搅拌、运输、振捣有关技术规定和要求；

（5）混凝土浇灌方法和顺序，混凝土养护方法；

（6）施工缝的留设部位、数量及其相应采取的技术措施、规范的具体要求；

（7）大体积混凝土施工温度控制的技术措施；

（8）防渗混凝土施工具体技术细节和技术措施实施办法；

（9）混凝土试块留置部位和数量及其养护；

（10）预防各种预埋件、预留洞移位的具体技术措施，特别是机械设备地脚螺栓移位，在施工时应提出具体要求；

（11）质量标准及质量通病预防办法（由于混凝土工程出现质量问题一般比较严重，在技术交底时更应予以重视），混凝土施工安全技术措施与节约措施，见图 2-11、图 2-12。

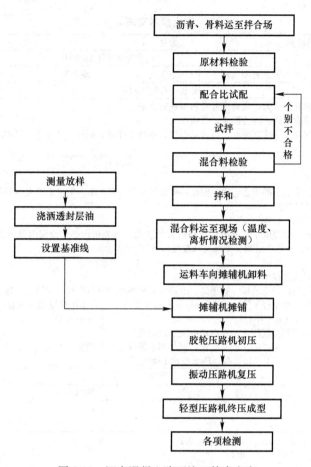

图 2-11 沥青混凝土路面施工技术交底

6. 架子工程

架子工程技术交底编制重点：

（1）所用的材料种类、型号、数量、规格及其质量标准；

（2）架子搭设方法、强度和稳定性技术要求（必须达到牢固可靠的要求）；

（3）架子逐层升高技术措施和要求；

（4）架子立杆垂直度和沉降变形要求；

（5）架子工程搭设工人自检和逐层安全检查部门专门检查；要部位架子，如下撑式挑梁钢架组装与安装技术要求和检查方法；

（6）架子与建筑物连接方式与要求；

（7）架子拆除方法和顺序及其注意事项；

（8）架子工程质量标准和安全注意事项，见图 2-13、图 2-14。

7. 结构吊装工程

结构吊装工程技术交底编制重点：

（1）建筑物各部位需要吊装构件的型号、重量、数量、吊点位置；

（2）吊装设备的技术性能；

（3）有关绳索规格、吊装设备运行路线、吊装顺序和吊装方法；

## 2 技术交底

**安全技术交底**

| 安全技术交底表 | | 编号 | | |
|---|---|---|---|---|
| 工程名称 | | 行政服务中心综合楼 | | |
| 施工单位 | ××劳务有限公司 | 施工部位 | 地下室 | 工种 |
| 安全技术交底内容 | | | | |
| 1. 进入施工现场必须戴好安全帽；高处作业必须系好安全带。<br>2. 施工作业人员严禁酒后上岗、疲劳作业、带病作业。<br>3. 施工人员必须遵守现场安全管理制度，不违章指挥、不违章作业。做到三不伤害：不伤害自己、不伤害别人、不被人伤害。<br>针对性交底：<br>一、混凝土浇筑<br>1. 混凝土浇筑作业包括混凝土的垂直运输、灌注、振捣等施工过程，是一个多工种人员的联合作业，各工种人员必须遵守本工种的安全操作规程；<br>2. 不得直接在钢筋上踩踏、行走；<br>3. 混凝土振动器使用前必须经电工检验确认合格后方可使用。开关箱内必须设漏电保护器，插座插头应完好无损，电源线不得破皮漏电；操作者必须穿绝缘鞋（胶鞋）、戴绝缘手套。<br>二、混凝土振动棒<br>1. 使用前检查各部位，应连接牢固，旋转方向正确；<br>2. 振动棒不得放在初凝的混凝土地板、脚手架、道路和干硬的地面进行振捣，如检修或作业间断应切断电源；<br>3. 插入式振动棒转轴的弯曲半径不能小于50cm，并不得多于两个弯，操作时振动棒应自然垂直沉入混凝土，不得用力硬插，斜握全面插入混凝土中；<br>4. 振动棒应保持清洁，不得有混凝土结在电动机壳上，妨碍散热；<br>5. 作业转移时，导线应保持足够的长度和松度，严禁用电源线拖拉振动棒；操作人员必须穿戴绝缘胶鞋和绝缘手套；作业后，必须做好清洗、保养工作，振动棒要放在干燥处。 | | | | |
| 交底人签名 | | 职务 | | 交底时间 |
| 项目总监 | | | 项目总工 | |
| 接受交底人签名 | | | | |

注：1. 项目对操作人员进行安全交底时填写此表；
　　2. 签名处不够时，应将签到表附后。

图 2-12　混凝土工程安全技术交底实例

（4）吊装联络信号、劳动组织、指挥与协作配合；

（5）吊装节点连接方式；

图 2-13　浇箱梁支架搭设工程

（6）吊装构件支撑系统连接顺序与连接方法；

（7）吊装构件吊装期间的整体稳定性技术措施；

（8）与市供电局联系供电情况；

（9）吊装操作注意事项；

（10）吊装构件误差标准和质量通病预防措施；

（11）吊装构件安全技术措施，见图 2-15。

**8. 钢结构工程**

钢结构工程技术交底编制重点：

（1）钢结构的型号、重量、数量、几何尺寸、平面位置和标高，各种钢材的品种、类型、规格、连接方法与技术措施、焊缝形式、位置及质量标准；

（2）焊接设备规格与操作注意事项，焊接工艺及其技术标准、技术措施、焊缝形式、位置及质量标准；

（3）构件下料直至拼装整套工艺流水作业顺序；

**架子工程安全技术交底**

工程名称：×××项目

| 施工单位 | ×××项目 | | 建设单位 | ×××有限公司 |
|---|---|---|---|---|
| 分项工程名称 | 架子工 | | 作业部位 | 仓库施工现场 |
| 交底部门 | 安全科 | 交底人 | 施工期限 | 基础主体施工阶段 |

接受交底班组员工签名：

交底内容：
1. 进入施工现场必须遵守安全生产六大纪律；
2. 搭设金属扣件双排脚手架用于高层建筑，严格按照有关规定进行搭设；
3. 搭设前应严格进行钢管的筛选，凡严重锈蚀、薄壁、严重弯曲裂变的杆件不宜采用；
4. 严重锈蚀、变形、裂缝、螺栓螺纹已损坏的扣件不宜采用；
5. 脚手架的基础除按规定设置外，必须做好排水处理；
6. 高层钢管脚手架座立于槽钢上的，必须有地杆连接保护，普遍脚手架立杆必须设底座保护；
7. 不宜采用承插式钢管作底部立杆交错之用；
8. 所有扣件紧固力矩应达到 $45\sim55\text{N}\cdot\text{m}$；
9. 同一立面的小横杆，应对等交错设置，同时立杆上下对直；
10. 斜杆接长，不宜采用对接扣件，应采用叠交方式，三只回转扣件接长，搭接距离三只扣件间隔不少于 0.4m；
11. 脚手架的主要杆件，不宜采用木、竹材料；
12. 高层建筑金属脚手架的拉杆，不宜采用钢丝攀拉，必须使用埋件形式的刚性材料。
以上措施有不到位之处，请务必按照脚手架搭设安全技术操作规程进行操作。

图 2-14 架子工程安全技术交底实例

（4）钢结构质量标准和质量通病预防措施、施工安全技术措施，见图 2-16～图 2-18。

图 2-15 钢结构吊装工程

图 2-16 钢结构工程

9. 楼地面工程

楼地面工程技术交底编制重点：

（1）各部位的楼地面种类、工程做法与技术要求、施工顺序、质量标准；

（2）新型楼地面或特殊行业特定要求的施工工艺；

（3）楼地面质量标准及确保工程质量标准所采取的技术措施，见图 2-19。

## 2 技术交底

**钢结构工程安全技术交底**

| 工程名称 | | | | 施工部分或层次 | |
|---|---|---|---|---|---|
| 施工内容 | 钢构吊装 | 交底项目 | 班前安全教育 | 交底日期 | |

交底内容：

为了认真贯彻执行党和国家有关安全生产方针、政策和法规，搞好安全生产，保障职工在劳动过程中的安全和健康，做到"安全第一、预防为主"，力争伤亡事故为零，杜绝三人以上特大事故发生，特在作业班前进行以下交底：

一、易发生伤害源：本作业易发生机械伤害、触电伤害、高空坠落伤害、物体打击伤害。

二、"三宝""四口""五临边"的安全防范

（1）施工人员进入工作区必须戴好安全帽并扣好帽带，穿着工作鞋并绑紧鞋带，高处作业必须配挂安全索，并附着于身上，配挂安全袋，并扣好袋口。

（2）保持施工现场所有的走道、阶梯、起重机行走路线畅通无阻；工具及物体使用完毕须归还原处，钢构件及附件须分类堆放整齐。尖锐或易伤人的物品应妥善放置，并加标示牌示明。

（3）钢构吊装：起重机须和司索、信号人员密切合作，听从信号指挥，在钢构件起吊前，须检查吊索及钢链是否合格，起吊构件之重量是否在起重机起吊范围内；非工作人员禁止进入工作区，起重机司机、司索必须持有上岗证。构件起吊过程中必须有牵引绳索，吊物下方不得有人。

（4）电动机械：手持电动机械必须戴绝缘手套，每种电机必须配有一个漏电保护器。不得以把线、钢丝绳或机电设备代替零线，所有地线接头必须牢固。电焊时，电焊机要设单独的开关，焊钳与把线绝缘。爬梯登高消除焊渣时，应戴好防护眼镜或面罩，施工现场周围应清除易燃物品。雷雨时，应停止露天焊接作业。

（5）氧气焊割：氧气瓶与乙炔瓶安全距离为5m，施工现场不得有易燃、易爆物品，氧气瓶要避免碰撞和剧烈震动，不得曝晒，点火时焊枪不得对人，移动时应关闭气体，不得手持连接胶管的焊枪，若必须爬梯、登高时，需有人协助，工作完后，应将气体钢瓶关好，拧上安全罩，检查场地确认无着火危险方准离开，施焊时，须有安全人员开立了"明火动火证"方可作业。

（6）梯子：爬梯应有保护栏杆，须绑扎牢固，梯子不得放在松软或脆弱易沉的地面上。如梯子支撑点不稳，施工人员攀爬时须有人扶持，不得单独作业。

（7）急救处理：若遇突发事故，应立即拨打"120"急救，并保持现场完整，应调查事故原因、采取对策、消除不安全因素并提供完整的事故报告。

（8）违规罚款：特种作业人员无证上岗200元/次，不戴安全帽20元，吸烟20元。

图 2-17　钢结构工程安全技术交底实例

**地脚螺栓预埋安全技术交底**

| 工程名称 | | | | 施工部分或层次 | |
|---|---|---|---|---|---|
| 施工内容 | 地脚螺栓预埋 | 交底项目 | 班前安全教育 | 交底日期 | |

交底内容：

为了认真贯彻执行党和国家有关安全生产方针、政策和法规，搞好安全生产，保障职工在劳动过程中的安全和健康。做到"安全第一、预防为主"，力争伤亡事故为零，杜绝三人以上特大事故发生，特在作业班前进行以下交底：

一、易发伤害源：本作业易发生触电伤害、机械伤害、坍塌伤害、物体打击伤害。

二、作业前必须检查安全帽、使用机械（手动、电动）是否符合使用标准。严禁使用和佩戴不合格产品进入现场（详见现场教育交底）。

三、具体现场安全管理：

（1）施工人员进入施工现场不得穿拖鞋、赤脚；严禁不戴安全帽、电气操作人员不穿绝缘鞋。

（2）特种作业人员必须持证上岗，严禁无证上岗。

（3）施工人员不得吸烟进入现场。

（4）地脚螺栓应堆放整齐，不得乱放。

（5）地脚预埋基坑较大或雨水过后，土质轻软时，基坑边坡应加以支护，不得进入有塌方危险的基坑中进行地脚预埋。

（6）电焊工必须参照进场教育交底进行作业，不得违章作业。

（7）急救处理：若遇突发事故，应立即拨打"120"急救，并保持现场完整，应调查事故原因、采取对策、消除不安全因素并提供完整的事故报告。

（8）违规罚款：特种作业人员无证上岗200元/次，不戴安全帽20元、吸烟20元。

图 2-18　地脚螺栓预埋安全技术交底实例

10. 屋面与防水工程

屋面与防水工程技术交底编制重点：

（1）屋面和防水工程的构造、形式、种类，防水材料型号、种类、技术性能、特点、

质量标准及注意事项；

（2）保温层与防水材料的种类和配合比、表观密度、厚度、操作工艺、基层做法和基本技术要求，铺贴或涂刷的方法和操作要求；

（3）各种节点处理方法；

（4）防渗混凝土工程止水技术处理与要求；

（5）操作过程中防护和防毒及其安全注意事项，见图2-20、图2-21。

图 2-19 楼地面改造工程　　　　图 2-20 已建房屋屋面防水施工

**防水施工安全技术交底**

| 施工单位名称 | ×××有限公司 | 单位工程名称 | ×××工程 |
|---|---|---|---|
| 施工部位 | F地块1、3楼地下室 | 施工内容 | 地下室防水施工 |
| 安全技术交底内容 | 安全规程：<br>1. 距离地面2m以上，工作地面没有平稳的立脚地方应视为高处作业。<br>2. 凡患高血压、心脏病、精神病等其他不适于高处作业的人员，禁止登高作业。严禁酒后上班。<br>3. 防护用品穿戴整齐，裤脚要扎住，正确拴好合格的安全带、正确戴好合格的安全帽，不穿易滑的硬底鞋，使用安全绳应将绳子牢系在坚固的建筑物结构上或金属结构架上，必须高挂低用。<br>4. 高处作业所用的工具、材料等必须装入袋中，上下时手中不得拿物，不得在高处投掷材料或工具等物，不得将易滚易滑的工具、材料堆在脚手架上，不准打闹，工作完毕，应及时将工具、零星材料清理干净。<br>5. 检查所使用的工具（如安全帽、安全带、安全岗、梯子、跳板、脚手架、防护板等）必须安全可靠，严禁冒险作业。<br>6. 靠近电源（低压）线路作业时，应先联系停电，确认停电后方可工作，并设置绝缘挡板，作业最少离开低压电线2m以外。<br>7. 严禁上下同时垂直作业，若特殊情况必须垂直作业，应经有关领导批准，并在上下两层设置专用的防护棚或其他隔离措施。<br>8. 处处注意危险标志和危险地方，夜间作业必须设置足够的照明设施，否则禁止作业。<br>9. 遇六级以上大风天气时，禁止露天高处作业。<br>10. 严禁坐在高处无遮拦处休息、睡觉，防止坠落。<br>11. 脚手板、斜道板、跳板和交通运输道、楼梯应随时清扫。<br>12. 使用梯子时，必须检查梯子是否坚固，是否符合安全要求，立梯坡度以60°为宜，梯底宽度不应小于50cm，并应设防滑装置，梯顶无搭勾、梯脚不能稳固时，须有人扶梯，人字梯拉绳必须牢固。<br>13. 进场人员必须戴好安全帽，严格遵守公司及项目安全管理制度。 |

图 2-21 防水施工安全技术交底实例

11. 装修工程

装修工程技术交底编制重点：

（1）各部位装修的种类、等级、做法和要求、质量标准、成品保护技术措施；

（2）新型装修材料和特殊工艺装修要求的施工工艺和操作步骤，与有关工序联系交叉作业互相配合协作；

（3）安全技术措施，特别是外装修高空作业安全措施。

## 2.4 技术交底实施方法

### 2.4.1 会议交底

施工单位总工程师向项目经理和项目技术负责人进行技术交底一般采用会议交底形式。由建筑公司总工程师主持会议，公司技术科、质量安全检查科等有关科室、项目经理、项目技术负责人及各专业工程师等参加会议。首先由总工程师对工程项目的施工组织设计或施工方案作专题介绍，提出实施具体办法和要求，再由技术科对施工方案中的重点细节作详细说明，提出具体要求（包括施工进度要求），最后由质量安全检查科对施工质量与技术安全措施进行详细交底。施工组织设计交底可通过会议形式进行技术交底，并应形成会议纪要归档。

### 2.4.2 书面交底

项目技术负责人向各作业班组长和工人进行技术交底，应采用书面交底的形式，这不仅仅是因为书面技术交底是工程施工技术资料中必不可少的部分，施工完毕后应归档保存，而且是分清技术责任的重要标志。特别是出现重大质量事故与安全事故时，它是判明技术负责者的一个主要标志。通过技术交底记录进行交底，见图 2-22、图 2-23。

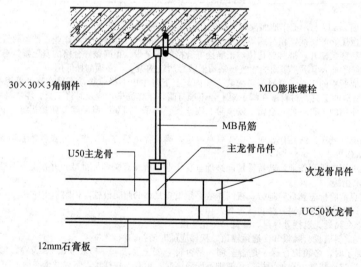

图 2-22 石膏板吊顶资料图技术交底

### 2.4.3 施工样板交底

首次采用新技术、新结构、新工艺、新材料时，为了谨慎起见，建筑工程中的一些分部分项工程，常采用样板交底的方法。所谓样板交底，就是根据设计图纸的技术要求、在满足施工及验收规范的前提下，在建筑工程的一个自然间、一根柱、一根梁、一道墙、一块样板上，由本企业技术水平较高的老工人先做出达到优良品标准的样板，作为其他工人学习的实物模型，使其他工人掌握操作要领，熟悉施工工艺操作步骤、质量标准，见图 2-24、图 2-25。

技术交底书

编号：

| 工程名称 | ××工程 | 施工单位（架子队） | |
|---|---|---|---|
| 交底内容 | 桥梁工程 | 编制单位 | |
| 编制人 | | 职务 | 工程部分 |
| 审核人 | | 职务 | 总工 |

一、钻孔桩施工

1. 准备工作

钻孔场地在旱地时，应清除杂物、换除软土，平整压实，场地位于陡坡时，也可用枕木、型钢等搭设工作平台。

在浅水中，宜用筑岛围堰法施工，筑岛面积应按钻孔方法、设备大小等决定。

钻孔场地须坚固稳定，能承受施工作业时所有静、活荷载，同时应考虑施工设备能安全进、退场。

测量定位：按照设计图纸先定位线路上墩中心里程，然后确定承台中心。准确放出桩位。各桩之间再用钢尺量距复核。

冲击法钻孔时，需设置泥浆循环净化系统，应在计划施工场地或工作平台时一并考虑。

孔前应设置坚固、不漏水的孔口护筒。护筒采用钢护筒，用 6mm 厚钢板卷制，护筒内径应大于钻头直径，使用冲击钻机钻孔应比钻头大约 40cm，采用直接挖坑埋设，开挖前用十字交叉法将桩中心引至开挖区外。护筒就位时应认真检查其平面位置及倾斜度。平面位置误差控制在 5cm 以内，倾斜度小于 1%，合格后用黏土回填夯实。确保护筒埋设牢固，最后把桩位交叉引到护筒外，护筒顶面宜高出施工水位或地下水位 2m，还应满足孔内泥浆面的高度要求，在旱地时还应高出施工地面 0.5m，护筒埋置深度应符合下列规定：

护筒顶测中心与设计桩位偏差不得大于 5cm。倾斜度不得大于 1%。

泥浆池位置选择要方便施工，又要不破坏环境，每个墩台设置两个泥浆池。

（略）

图 2-23 技术交底书实例

图 2-24 施工人员参观样板间

图 2-25 建筑工程模板技术交底

样板技术交底的好处：施工人员可以形象直观地观摩样板技术，更加了解如何进行施工和施工中细节所在，也更加方便技术人员讲解，加深施工人员的印象。

## 2.4.4 岗位技术交底

一个分部分项工程的施工操作，是由不同的工种工序和岗位所组成的。如混凝土工程，不单是混凝土工浇筑混凝土，还需事先进行支模，进行混凝土的配料及拌制，待混凝土水平与垂直运输之后才能在预定地区进行混凝土的浇筑，这一分项工程需要由很多工种进行合理配合才行，只有保证这些不同岗位的操作质量，才能确保混凝土工程的质量。有的施工企业制定工人操作岗位责任制，并制定操作工艺卡，根据施工现场的具体情况，以书面形式向工人随时进行岗位交底，提出具体的作业要求，包括安全操作方面的要求。

## 2.4.5  技术交底主要形式

（1）施工组织设计交底可通过会议形式进行技术交底，并应形成会议纪要归档保存。

（2）通过施工组织设计编制、审批，将技术交底内容纳入施工组织设计中，见图 2-26。

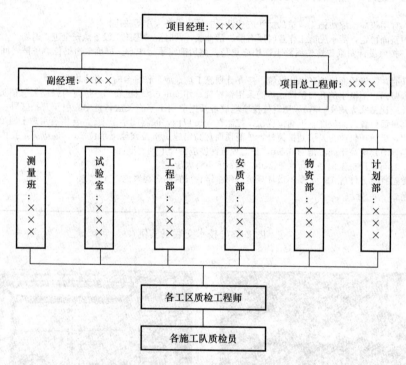

图 2-26  质量管理组织机构框图

施工项目部如何从上到下进行交底？有哪些要点？

由项目经理、项目总工程师召集进行项目部的安全、技术交底，然后由工程部对作业班组进行交底。从项目部、作业班组的新工人三级安全教育、特殊工种等开始。

每一层技术交底必须全面、透彻，务必保证大家都明白，不存在不清楚、疑惑的地方。交底过程中也要指明图纸、方案中的重中之重，减少施工过程中出现错误。

（3）施工方案可通过会议形式或现场授课形式进行技术交底，交底的内容可纳入施工方案中，也可单独形成交底方案。

（4）各专业技术管理人员应通过书面形式配以现场口头讲授的方式进行技术交底，技术交底的内容应单独形成交底文件。交底内容应包括交底的日期，有交底人、接受人签字，并经项目总工程师审批。

## 2.5 技术交底管理程序及注意事项

### 2.5.1 技术交底管理程序及注意事项

（1）技术交底必须在单位工程图纸综合会审的基础上进行，并在单位工程或分部、分项工程施工前进行。技术交底应为施工留出适当的准备时间，并不得后补。

（2）技术交底应以书面形式进行，并辅以口头讲解。交底人和接受人应及时履行交接签字手续，并应及时交资料员进行归档、妥善保存。

（3）技术交底应根据工程任务情况和施工需要，逐级进行操作工艺交底和施工安全交底。

（4）接受交底人在接受技术交底时，应将交底内容搞清弄懂。各级交底要实行工前交底、工中检查、工后验收，将交底工作落到实处。

（5）技术交底要字迹工整，交底人、接受人要签字，交底日期、工程名称等内容要写清楚。技术交底要一式三份，交底人、接受人、存档各一份。

（6）技术交底要具有科学性。

所谓科学性就是指依据正确、理解正确、交底正确。施工规范、规定、图纸、图册及标准是编制技术交底的依据，关键是如何正确理解，并结合本工程的实际灵活运用，必须使班组依据交底文件就能正确地施工。

（7）技术交底要具有针对性。

技术交底不具有针对性是编制中常见的问题，它经常是规范、规定的翻版，加上设计施工说明的扩充，其结果是无法指导生产，仅仅成为技术管理资料的一部分。为避免这些问题，必须根据实际情况进行交底，使之真正成为施工的作业指导书。

（8）技术交底要具备操作性。

对施工结构的具体尺寸进行交底，建立施工图翻样制度，保证无论施工到何位置，现场施工班组手里都有标注清楚、通俗易懂的施工大样图。

技术交底要以"现场干的，就是交底中写的、画的"为指导思想，不能出现班组施工自由发挥的情况，一旦发生漏项情况，班组应立即通过一定的程序反馈得到解决。

（9）实用性。

技术交底中不允许使用"按照设计图纸和施工及验收规范施工"及"宜按…"等词语，要在大样图的基础上，把设计图纸的控制要点写清楚，把规范的重点条文体现在大样图和控制要点中，同时把要达到的具体质量标准写清楚，作为班组自检的依据，使施工人员在开始施工时就按照验收标准来施工，体现过程管理的思路，使施工人员变被动为主动。

（10）技术交底与施工组织设计、施工方案、作业指导书的不同点：施工组织设计、施工方案、技术交底、作业指导书是几个不同层次的文件，这几个文件中施工组织设计是整个工程的纲领性文件；施工方案应具有指导性，施工措施是施工方案的一部分具体内容；技术交底是施工方案的延伸，应具有可操作性；而作业指导书可以说是技术交底的细化。作业指导书和技术交底的关系如施工方案和施工组织设计一样。

### 2.5.2 举例说明安全技术交底管理制度

下面以"××省×××项目部"实例说明安全技术交底管理制度，见图2-27。

**××省×××项目部安全技术交底管理制度**

本技术交底制度适用于×××项目部，所有技术人员必须认真学习贯彻。

一、当一项工程开始施工前，先由技术组负责人将工程施工方法、质量保证措施、安全注意事项向所施工的队组技术员进行交底，交底内容要详尽，按施工工程的分项进行交底。

二、施工队组中的技术员在学习和了解技术（安全）交底内容后，要将施工的内容详细具体地向所在队组队长进行交底，包括分项施工方法、质量保证措施、安全注意事项，必须将施工中存在的安全问题交代清楚，必要时附图说明。

三、队长在施工前对各个跟班队长、班长及所有施工人员进行技术（安全）交底，交底内容为技术员向队长交底内容，并有签字贯彻记录。

四、在施工过程中，施工图纸、施工方法如有变动，在与设计单位、建设单位、监理单位联系后，由技术经理负责对施工工程进行补充交底，交底内容为：变更后施工方法、质量保证措施、安全注意事项并重点提及两者的区别，防止在施工中混淆。

五、在施工过程中，由技术经理负责，每个月定期检查技术交底是否完善，变动更改是否及时交底，确保技术交底的完善。

六、技术交底内容由施工队组技术员整理保管，所有的技术交底按施工的巷道进行分类，按公司规定的三级交底（技术经理—技术员，技术员—队长，队长—队组）进行整理。整理时技术交底必须进行编号，编号方法为：HYKL—工地首字母—巷道首字母—编号。技术（安全）交底必须有单另的资料盒管理，盒内包括技术交底内容目录和技术交底内容。

七、所有的技术（安全）交底内容必须详尽，当集团公司、公司、项目部对施工方法、管理规定等有所改进时，必须及时补充技术交底，并有签字记录。

××省×××项目部

×年×月×日

图 2-27　×××项目部安全技术交底管理制度实例

## 2.6　浅议如何做好项目现场安全技术交底工作

目前，承接的项目在实施过程中，安全技术交底普遍存在交底内容不全面、专业划分不明晰、交底针对性不强、把安全技术交底与施工技术交底混为一谈，甚至有不知道如何进行安全技术交底等问题。根据安全法律法规和集团项目规范化管控文件的要求，结合系统安全理论，笔者就如何做好项目实施过程中的安全技术交底谈谈自己的几点理解。

### 2.6.1　为什么要进行安全技术交底

建立安全技术交底制度，进行安全技术交底是企业深入贯彻安全质量标准化的要求，也是项目现场安全管理的重要保证。从贯彻"人人互要安全"理念，保障员工安全生产权利和职业健康的角度出发，执行安全技术交底制度，正确履行安全技术交底程序，在很大程度上可以体现企业的安全管理水平和安全责任落实深度。

### 2.6.2　安全技术交底的种类

按照《建设工程安全生产管理条例》《建筑施工安全检查标准》《建筑施工企业安全生产管理规范》的要求，安全技术交底应采取分级交底制，可分为以下5类：

（1）危险性较大的分部分项工程开工前，以及新工艺、新技术、新设备应用前，企业的技术负责人及安全管理机构向施工管理人员进行安全技术方案交底；

（2）分部分项工程、关键工序实施前，项目技术负责人、安全员应会同方案编制人员、项目施工员向参加施工的施工管理人员进行方案实施安全交底；

（3）总承包单位向分包单位，分包单位向作业班组进行安全技术措施交底；

（4）安全员及各条线管理员应对新进场的工人实施作业人员工种交底；

（5）作业班组应对作业人员进行班前安全操作规程交底。

## 2.6.3 参与安全技术交底的主体

《建设工程安全生产管理条例》第二十七条规定：建设工程施工前，施工单位负责项目管理的技术人员应当对有关安全施工的技术要求向施工作业班组、作业人员作出详细说明，并由双方签字确认。《建筑施工安全检查标准》JGT 59—2011 第 3.1.3 条第 3 款规定：施工负责人在分派生产任务时，应对相关管理人员、施工作业人员进行书面安全技术交底；安全技术交底应由交底人、被交底人、专职安全员进行签字确认。可以看出，安全技术交底的交底人是施工单位负责项目管理的技术人员，被交底人是施工作业班组、作业人员。双方相关人员都要签字确认，项目技术负责人应进行审核。

《危险性较大的分部分项工程安全管理规定》第十五条要求：专项施工方案实施前，编制人员或者项目技术负责人应当向施工现场管理人员进行方案交底，施工现场管理人员应当向作业人员进行安全技术交底，并由双方和项目专职安全生产管理人员共同签字确认。按照《建筑施工安全检查标准》JGT 59—2011 的要求，专职安全员应参与并监督交底工作的执行情况，且在交底完成后在交底上签字确认。

## 2.6.4 安全技术交底的时间

安全技术交底必须与下达施工任务同时进行。各工种、各分部分项工程的安全技术交底：固定作业场所的工种可定期（建议每月一次）交底，非固定场所的作业可按施工工序、施工部位、施工栋号、分部分项工程计划完成的时间段进行交底（分部分项工程划分宜参照《建筑工程施工质量验收统一标准》附录 B）。新进场班组必须先进行安全技术交底再上岗。因此，在项目实施前期阶段，技术人员应根据专业特点和责任分工，结合分部分项工程的划分以及时间、空间、人员等因素变动的影响，明确交底人、交底时间，提前进行安全技术交底，并与项目实施过程同步动态调整，这其实也契合了项目安全动态管理的需要。

## 2.6.5 安全技术交底的内容和要求

综合安全法律法规的要求，结合笔者所在公司的实际情况，安全技术交底的内容应包括以下几个方面：

（1）分部分项工程的施工作业场所状况、特点、工序和危险源；

（2）针对危险源应采取的具体安全防护措施；

（3）应注意的安全事项；

（4）采用的安全操作规程和规范标准；

（5）应急救援措施和紧急避险事项；

（6）季节性的安全技术措施。

针对以上内容，要求技术人员在交底时，应做到以下三点：

（1）必须严格执行安全技术交底制度，交底内容具体、明确、针对性强，严禁照搬工艺标准；

（2）必须使每个作业人员都清楚地了解现场的作业环境、作业特点、安全操作规程和防范避险措施；

（3）必须严格履行书面签字程序，保存交底书面签字记录。

## 2.6.6 安全技术交底的实施和检查

安全技术交底以书面交底为主，配合安全技术交底会或班前会进行口头讲解，重要部位或步骤可另附图例或幻灯片进行阐述。安全技术交底一式三份，履行签字手续后，分别由交底人、被交底人和安全员留存。

完成安全技术交底后，交底人应督促被交底人严格遵照执行，对交底实施情况进行跟踪检查，对新出现的情况及时进行补充交底，对违反交底要求的行为必须及时制止和纠正。现场安全员应加强巡查监督，强化施工过程中的检查力度，严格过程监控。

总而言之，安全技术交底可谓是一座桥梁，联系着管理和执行两大要素，其本身质量的高低也直接影响到整个项目运营的成败，所以，技术人员在施工现场管理中，一定要重视安全技术交底环节，规范管控流程，落实自身安全职责，为企业安全生产保驾护航。

# 3　施工组织设计

## 3.1　施工组织设计分类、编制准备工作、编制原则及实施保证

### 3.1.1　施工组织设计的分类

施工组织设计按设计阶段的不同、编制对象范围的不同、使用时间的不同和编制内容的繁简程度不同，分为以下几类：

（1）按设计阶段不同的分类

施工组织设计的编制一般同设计阶段相配合。

1）设计按两个阶段进行时

施工组织设计分为施工组织总设计（扩大初步施工组织设计）和单位工程施工组织设计两种。

2）设计按三个阶段进行时

施工组织设计分为施工组织设计大纲（初步施工组织条件设计）、施工组织总设计和单位工程施工组织设计三种。

（2）按编制对象范围不同的分类

施工组织设计按编制对象范围的不同可分为施工组织总设计、单位工程施工组织设计、分部分项工程施工组织设计三种。

1）施工组织总设计

施工组织总设计是以一个建筑群或一个建设项目为编制对象，用以指导整个建筑群或建设项目施工全过程的各项施工活动的技术、经济和组织的综合性文件。施工组织总设计一般在初步设计或扩大初步设计被批准之后，由总承包企业的总工程师负责进行编制。

2）单位工程施工组织设计

单位工程施工组织设计是以一个单位工程（一个建筑物或构筑物，一个交工系统）为编制对象，用以指导该单位工程施工全过程的各项施工活动的技术、经济和组织的综合性文件。单位工程施工组织设计一般在施工图设计完成后、拟建工程开工之前，由工程处的技术负责人负责进行编制。

3）分部分项工程施工组织设计

分部分项工程施工组织设计是以分部分项工程为编制对象，用以指导分部分项工程施工全过程的各项施工活动的技术、经济和组织的综合性文件。分部分项工程施工组织设计一般与单位工程施工组织设计的编制同时进行，并由单位工程的技术人员负责进行编制。

## 3 施工组织设计

施工组织总设计、单位工程施工组织设计和分部分项工程施工组织设计之间具有以下关系：

1）施工组织总设计是对整个建设项目的全局性战略部署，其内容和范围比较概括；

2）单位工程施工组织设计是在施工组织总设计的控制下，以施工组织总设计和企业施工计划为依据编制的，针对具体的单位工程，把施工组织总设计的内容具体化；

3）分部分项工程施工组织设计是以施工组织总设计、单位工程施工组织设计和企业施工计划为依据编制的，针对具体的分部分项工程，把单位工程施工组织设计进一步具体化，它是专业工程具体组织施工的设计。

（3）按编制内容的繁简程度不同的分类

施工组织设计按编制内容的繁简程度不同可分为完整的施工组织设计和简单的施工组织设计两种。

1）完整的施工组织设计

对于工程规模大、结构复杂、技术要求高以及采用新结构、新技术、新材料和新工艺的拟建工程项目，必须编制内容详尽的完整施工组织设计。

2）简单的施工组织设计

对于工程规模小、结构简单、技术要求和工艺方法不复杂的拟建工程项目，可以编制仅包括施工方案、施工进度计划和施工总平面布置图等内容的简单施工组织设计。

### 3.1.2 施工组织设计的编制准备工作

（1）合同文件的研究

项目合同文件是承包工程项目的施工依据，也是编制施工组织设计的基本依据，对合同文件的内容要认真研究，重点弄清以下几方面的内容：

1）工程地点及工程名称。

2）承包范围：该项内容的目的在于对承包项目有全面的了解，明确各单项工程、单位工程名称、专业内容、工程结构、开竣工日期等。

3）设计图纸提供：要明确甲方交付的日期和份数，以及设计变更通知方法。

4）物资供应分工：通过对合同的分析，明确各类材料、主要机械设备、安装设备等的供应分工和供应办法。由甲方负责的，要明确何时能供应，以便制定需用量计划和节约措施，安排好施工计划。

5）合同指定的技术规范和质量标准：了解合同指定的技术规范和质量标准以便为制定技术措施提供依据。

以上是需要着重了解的内容，当然对合同文件中的其他条款，也不容忽略，只有对其进行认真的研究，方能制定出全面、准确、合理的施工组织设计。

（2）施工现场环境调查

研究了合同文件后，就要对施工现场环境做深入的实际调查，才能做出切合客观实际条件的施工方案。调查的主要内容有：

1）核对设计文件，了解拟建建（构）筑物的位置、重点施工工程的工程量等。

2）收集施工地区的自然条件资料，如地形、地质、水文资料，见表 3-1。

施工地区及施工场地自然条件调查表 表 3-1

| 项目 | 调查内容 | 调查目的 |
|---|---|---|
| 气温 | 1. 年平均、最高、最低温度，最冷、最热月份的逐日平均温度。<br>2. 冬、夏季室外计算温度。<br>3. ≤−3℃、0℃、5℃的天数，起止时间 | 1. 确定防暑降温的措施。<br>2. 确定冬期施工的措施。<br>3. 估计混凝土、砂浆的强度 |
| 雨（雪） | 1. 雨期起止时间。<br>2. 月平均降雨（雪）量、最大降雨（雪）量、一昼夜最大降雨（雪）量。<br>3. 全年雷雨、暴雨天数 | 1. 确定雨期的施工措施。<br>2. 确定工地排水、防洪方案。<br>3. 确定工地防雷措施 |
| 风 | 1. 主导风向及频率（风玫瑰图）。<br>2. ≥8 级风的全年天数、时间 | 1. 确定临时设施的布置方案。<br>2. 确定高空作业及吊装的技术安全措施 |
| 地形 | 1. 区域地形图：1∶25000～1∶10000。<br>2. 工程位置地形图：1∶2000～1∶1000。<br>3. 该地区城市规划图。<br>4. 经纬坐标桩、水准基桩位置 | 1. 选择施工用地。<br>2. 布置施工总平面图。<br>3. 场地平整及土方量计算。<br>4. 了解障碍物及其数量 |
| 地质 | 1. 钻孔布置图。<br>2. 地质剖面图：土层类别、厚度。<br>3. 物理力学指标：天然含水量、孔隙比、塑性指数、渗透系数、压缩试验及地基强度。<br>4. 地层的稳定性：断层滑块、流砂。<br>5. 最大冻结深度。<br>6. 地基土的破坏情况：钻井、古墓、防空洞及地下构筑物 | 1. 土方施工方法的选择。<br>2. 地基土的处理方法。<br>3. 基础施工方法。<br>4. 复核地基基础设计。<br>5. 确定地下管道埋设深度。<br>6. 拟定障碍物拆除方案 |
| 地震 | 地震烈度 | 确定对基础的影响、注意事项 |
| 地下水 | 1. 最高、最低水位及时间。<br>2. 水的流速、流向、流量。<br>3. 水质分析，水的化学成分。<br>4. 抽水试验 | 1. 基础施工方案选择。<br>2. 确定降低地下水位的方法。<br>3. 拟定防止介质侵蚀的措施 |
| 地面水 | 1. 邻近江河湖泊距工地的距离。<br>2. 洪水、平水、枯水期的水位、流量及航道深度。<br>3. 水质分析。<br>4. 最大、最小冻结深度及时间 | 1. 确定临时给水方案。<br>2. 确定施工运输方式。<br>3. 确定工程施工方案。<br>4. 确定工地防洪方案 |

3) 了解施工地区内的既有房屋、通信电力设备、给水排水管道、坟地及其他建筑物情况，以便安排拆迁、改建计划，见表 3-2。

施工地区周边情况调查表 表 3-2

| 施工区域及周边情况 |
|---|
|  |

| 施工现场周边地上、地下管线情况 | | | |
|---|---|---|---|
| 序号 | 管线类别 | 管理位置、走向、埋深、高度、规格（材质）、介质等情况 | 产权单位意见 |
| 1 | 供电 | | （章）<br>经办人：<br>审核人： |
| 2 | 供气 | | （章）<br>经办人：<br>审核人： |
| 3 | 供水 | | （章）<br>经办人：<br>审核人： |

4）调查施工地区的技术经济条件。

① 地方资源供应情况和当地条件。如劳动力是否可利用；砖、瓦、砂、石的供应能力、价格、质量、运距、运费以及当地的加工修理能力是否可利用等，见表3-3。

施工地区社会劳动力、房屋设施、生活设施调查表　　　　　　　　　　表3-3

| 序号 | 项目 | 调查内容 |
|---|---|---|
| 1 | 社会劳动力 | 1. 当地能支援施工的劳动力数量、技术水平和来源。<br>2. 少数民族地区的风俗、民情、习惯。<br>3. 上述劳动力的生活安排、居住远近 |
| 2 | 房屋设施 | 1. 能作为施工用的现有房屋数量、面积、结构特征、位置、距工地远近；水、暖、电、卫设备情况。<br>2. 上述建筑物的适用情况，能否作为宿舍、食堂、办公场所、生产场所等。<br>3. 需在工地居住的人数和户数 |
| 3 | 生活设施 | 1. 当地主、副食品商店，日常生活用品供应，文化、教育设施，消防、治安等机构供应或满足需要的能力。<br>2. 邻近医疗单位至工地的距离，可能提供服务的情况。<br>3. 周围有无有害气体污染企业和地方疾病 |

② 了解交通运输条件。如铁路、公路、水运的情况，通往施工工地是否需要修筑铁路专用线；公路桥梁通过的最大承载力；水运可否利用，码头至工地的距离等。

### 3.1.3 施工组织设计的编制原则

（1）认真贯彻党和国家有关工程建设的各项方针和政策，严格执行建设程序。

（2）应在充分调查研究的基础上，遵循施工工艺规律、技术规律及安全生产规律，合理安排施工程序及施工顺序。

（3）全面规划，统筹安排，保证重点，优先安排控制工期的关键工程，确保合同工期。

（4）采用国内外先进施工技术，科学地确定施工方案。积极采用新材料、新设备、新工艺和新技术，努力提高产品质量水平。

（5）充分利用现有机械设备，扩大机械化施工范围，提高机械化程度，改善劳动条件，提高机械效率。

（6）合理布置施工平面图，尽量减少临时工程和施工用地。尽量利用正式工程、原有或就近已有设施，做到暂设工程与既有设施相结合、与正式工程相结合。同时，要注意因地制宜，就地取材，以求尽量减少消耗，降低生产成本。

（7）采用流水施工方法、网络计划技术安排施工进度计划，科学安排冬、雨期项目施工，保证施工能连续、均衡、有节奏地进行，见图 3-1。

以后浇带为界，将工程划分为两个施工段，两个施工段的柱和板错开施工，不窝工，不待工

图 3-1　流水施工

## 3.1.4　施工组织设计的实施保证

（1）组织体系保证

安排经验丰富、管理水平高的工程技术管理人员组成项目部，加强对工程的施工组织和技术管理，确保施工进度。

（2）资金保证

保证项目资金专款专用，阶段工程施工完毕，及时回收工程款，确保工程的连续施工。

（3）机械设备保证

按施工组织设计配备各类施工机械，机械设备由专业人员操作，并配备专业机修人员，确保工程连续施工。现场至少配备一台发电机，以便在停电或用电高峰期能满足工程连续施工。

（4）材料保证

根据工程进度至少提前一个月安排施工组织设计中所计划材料进场，确保工程顺利开工。

（5）生产人员保证

根据施工组织设计要求，选派具有丰富施工经验、操作技能高的专业施工队，连续施工。根据施工需求随时调配人员，确保各阶段特别是高峰期的施工人数。

（6）合同保证

施工期间与施工班组签订承包合同，并要始终保持总进度控制目标与合同工期相一致，各类分包合同的工期与总包合同的工期相一致。合同签约双方都要全面履行合同中约定的义务，以合同形式保证工期进度的实现。

（7）技术保证

建立以项目总工程师为核心的技术负责体制，针对工程重点开展技术攻关、技术革新活动，合理安排季节性施工，积极采用新技术、新工艺、新材料、新设备，确保工程顺利完成。

（8）协调组织保证

施工期间严格控制各专业间的密切配合，对预埋管线、预埋件的留置和洞口的预留要确保准确无误，同时做好成品保护，每完成一个系统进行一个系统的调试，最后进行总调试。

## 3.2　流水施工基本方法、工程网络图绘制及时间参数计算

### 3.2.1　流水施工基本方法

常用的流水施工基本方法有：依次施工、平行施工、搭接施工。

流水施工方法根据流水施工节拍特征的不同，分为有节奏流水和无节奏流水。有节奏流水又分为全等节拍流水、成倍节拍流水、异节拍流水。

（1）依次施工

依次施工也叫顺序施工，它是将一个施工对象分解为若干个施工过程，前一个施工过程完成后，后一个施工过程才开始；或者前一个施工段完成后，后一个施工段才开始。

工程案例：某三栋相同结构房屋的筏板基础工程，划分为基坑挖土、混凝土垫层、基础钢筋绑扎、回填土模板支护、混凝土浇筑五个施工过程，每个施工过程安排一个施工班组，一班制施工，其中每栋楼基坑挖土班组由 20 人组成，3d 完成；混凝土垫层班组由 10 人组成，1d 完成；基础钢筋绑扎班组由 30 人组成，3d 完成；回填土模板支护班组由 50 人组成，2d 完成；混凝土浇筑班组由 20 人组成，1d 完成。按依次施工组织的施工进度计划安排，见图 3-2。

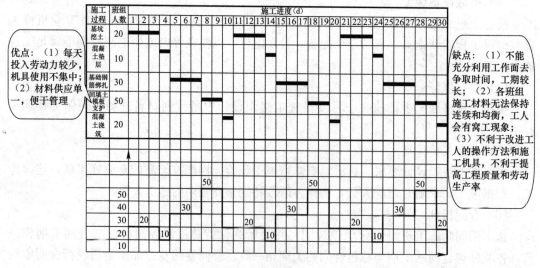

图 3-2　依次施工

（2）平行施工

平行施工是全部工程任务的各施工段同时开工、同时完成的一种施工组织方式，见图 3-3。

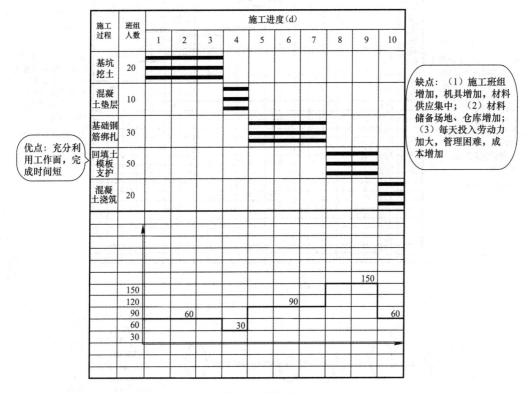

图 3-3　平行施工

（3）搭接施工

搭接施工又叫流水施工，是指所有施工过程按一定时间间隔，依次投入施工，各个施工过程陆续开始，陆续完成，使同一施工过程的施工班组保持连续、均衡施工，不同施工过程尽可能平行搭接施工的一种组织方式，见图 3-4。

## 3.2.2　工程网络图绘制

1. 网络图的三要素：作业、事件和路线

网络图的要素：任何一项任务或工程都是由一些基本活动或工作组成的，它们之间有一定的先后顺序和逻辑。用带箭头的线段"→"来表示工作，用节点"○"来表示两项工作的分界点，按工作的先后顺序和逻辑关系画成的工作关系图就是一张网络图。每一个节点称为"事项"，它表示一项工作的结束和另一项工作的开始，除了一个总开始事项和一个总结束事项。在节点中可标上数字，以便于注明哪项工作的结束和哪项工作的开始，"→"上方的字母表示该项工作的名称，下方的数字表示该项工作的持续时间，见图 3-5。

2. 绘制双代号网络图的步骤

（1）项目分解：根据工作分解结构方法和项目管理的需要，将项目分解为网络计划的基本组成单元——工作（或工序），并确定各工作的持续时间。

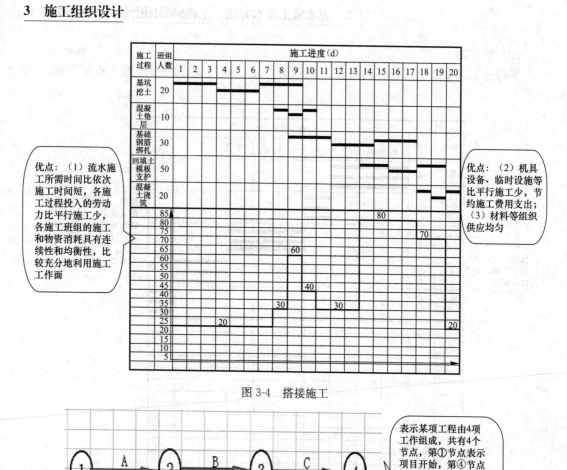

图 3-4 搭接施工

（2）确定工作间的逻辑关系：根据各项工作之间相互依赖和相互制约的关系，确定工作间的逻辑关系，包括确定每项工作的紧前工作或紧后工作，以及与相关工作的搭接关系，见表 3-4。

工作逻辑关系表      表 3-4

| 工作名称 | A | B | C | … |
|---|---|---|---|---|
| 紧前工作 | D | E | F | … |

A、B、C 分别是 D、E、F 的紧后工作，D、E、F 又分别是 A、B、C 的紧前工作

3. 绘制网络图

（1）采用母线法绘制没有紧前工作的工作箭线，以保证网络图只有一个起始节点。

（2）根据紧前工作关系绘制其他工作箭线。注意：绘制某项目的工作箭线时，其全部紧前工作必须已经绘制完成。

（3）绘制其他工作箭线时，注意正确表达工作间的逻辑关系，没有逻辑关系的工作之间不绘制工作箭线。

（4）当所有工作绘制完成后，将没有紧后工作的全部工作结束于一点，以保证网络图只有一个终止节点。

（5）检查各项工作的逻辑关系是否正确，然后根据网络图节点编号规则对网络图节点进行编号。

## 3.2.3 时间参数计算

时间参数是指在组织流水施工时，用以表达流水施工在时间安排上所处状态的参数，主要包括流水节拍、流水步距和流水施工工期等。

1. 流水节拍

流水节拍是指在组织流水施工时，某个专业工作队在某施工段上的施工时间。第 $j$ 个专业工作队在第 $i$ 个施工段的流水节拍一般用 $t_{j,i}$ 来表示（$j=1, 2, \cdots, n$；$i=1, 2, \cdots, m$）。

流水节拍是流水施工的主要参数之一，它表明流水施工的速度和节奏性。流水节拍小，其流水速度快，节奏感强；反之则相反。

流水节拍决定单位时间的资源供应量，同时，流水节拍也是区别流水施工组织方式的特征参数。

同一施工过程的流水节拍，主要由所采用的施工方法、施工机械以及在工作面允许的前提下投入施工的工人数、机械台数和采用的工作班次等因素确定。有时，为了均衡施工和减少转移施工段时消耗的工时，可以适当调整流水节拍，其数值最好为半个班的整数倍。

流水节拍确定方法：施工中流水节拍通常根据人工或机械生产效率和工程量大小来计算。

【例 3-1】 机械挖土 $1000\text{m}^3$，挖掘机的生产效率是 $500\text{m}^3/$（台班·d），那么在挖土方这个施工段上的流水节拍是 $1000/500=2\text{d}$。

2. 流水步距

流水步距是指组织流水施工时，相邻两个施工过程（或专业工作队）相继开始施工的最小间隔时间。

流水步距的数目取决于参加流水的施工过程数。如果施工过程数为 $n$ 个，则流水步距的总数为 $n-1$ 个。

流水步距的大小取决于相邻两个施工过程（或专业工作队）在各施工段上的流水节拍及流水施工的组织方式。

确定流水步距，一般应满足以下基本要求：

（1）各施工过程按各自流水速度施工，始终保持工艺先后顺序；

（2）各施工过程的专业工作队投入施工后尽可能保持连续作业；

（3）相邻两个施工过程（或专业工作队）在满足连续施工的条件下，能最大限度地实现全程搭接。

3. 流水施工工期

流水施工工期是指从第一个专业工作队投入流水施工开始，到最后一个专业工作队完成流水施工为止，整个过程持续的时间总长。

但由于一项建设工程往往包含有多个流水组，故流水施工工期一般均不是整个工程的总工期。

4. 非节奏流水施工

（1）非节奏流水施工的特点

1）各施工过程在各施工段的流水节拍不全相等；

2）相邻施工过程的流水步距不尽相等；

3）专业工作队数等于施工过程数；

4）各专业工作队能够在施工段上连续作业，但有的施工段之间可能有空闲时间。

（2）流水步距的确定

在非节奏流水施工中，通常采用累加数列错位相减取大差法计算流水步距。

累加数列错位相减取大差法的基本步骤：

1）对每一个施工过程在各施工段上的流水节拍依次累加，求得各施工过程流水节拍的累加数列；

2）将相邻施工过程流水节拍累加数列中的后者错后一位，相减后求得一个差数列；

3）在差数列中取最大值，即为这两个相邻施工过程的流水步距。

【例 3-2】 某工程由 4 个施工过程组成，分为 4 个施工段进行流水施工，其流水节拍见表 3-5，流水步距是多少？

非节奏流水施工      表 3-5

| 施工过程 | 施工段 | | | |
|---|---|---|---|---|
| | ① | ② | ③ | ④ |
| Ⅰ | 2 | 3 | 2 | 3 |
| Ⅱ | 3 | 3 | 5 | 2 |
| Ⅲ | 4 | 2 | 2 | 3 |
| Ⅳ | 1 | 1 | 3 | 2 |

解：1）求各施工过程流水节拍的累加数列：

施工过程Ⅰ：2，5，7，10

施工过程Ⅱ：3，6，11，13

施工过程Ⅲ：4，6，8，11

施工过程Ⅳ：1，2，5，7

2）错位相减求得差数列：

```
    2    5    7   10
  − 3    6   11   13
    2    2    1   −1  −13

    3    6   11   13
  − 4    6    8   11
    3    2    5    5  −11

    4    6    8   11
  − 1    2    5    7
    4    5    6    6   −7
```

3）在差数列中取大值得：

Ⅰ和Ⅱ间流水步距为 $K_{1,2}=\max[2, 2, 1, -1, -13]=2$

Ⅱ和Ⅲ间流水步距为 $K_{2,3}=\max[3, 2, 5, 5, -11]=5$

Ⅲ和Ⅳ间流水步距为 $K_{3,4}=\max[4, 5, 6, 6, -7]=6$

（3）流水施工工期确定

流水施工工期可按公式（3-1）计算：

$$T=\sum K+\sum t_n+\sum Z+\sum G-\sum C \tag{3-1}$$

式中　$T$——流水施工工期；

　$\sum K$——各施工过程（或专业工作队）之间流水步距之和；

　$\sum t_n$——最后一个施工过程（或专业工作队）在各施工段流水节拍之和；

　$\sum Z$——组织间歇时间之和；

　$\sum G$——工艺间歇时间之和；

　$\sum C$——提前插入时间之和。

【例3-3】 某分部工程有两个施工过程，各分为4个施工段组织流水施工，流水节拍分别为2、4、3、4d和3、5、4、5d，流水步距和流水施工工期分别为多少？

解：流水步距 $K=\max\begin{bmatrix} 2 & 6 & 9 & 13 & \\ - & 3 & 8 & 12 & 17 \\ 2 & 3 & 1 & 1 & -17 \end{bmatrix}=3d$

流水施工工期 $T=\sum K+\sum t_n+\sum Z+\sum G-\sum C=3+(3+5+4+5)=20d$

5. 固定节拍流水施工

（1）固定节拍流水施工的特点

1）所有施工过程在各施工段上的流水节拍均相等；

2）相邻施工过程的流水步距相等，且等于流水节拍；

3）专业工作队数等于施工过程数，即每一个施工过程成立一个专业工作队，由该工作队完成相应施工过程所有施工段上的任务；

4）各专业工作队在各施工段上能够连续作业，施工段间没有空闲时间。

（2）无间歇时间固定节拍流水施工

相邻两施工过程之间无额外等待时间。

【例3-4】 某固定节拍流水施工，有A、B、C、D4个施工过程，施工段数 $m=3$，固定节拍流水所有施工过程在各个施工段上的作业时间全部相等，如表3-6所示，流水施工工期是多少？

固定节拍流水施工　　　　　　　　表3-6

| 施工过程 | 施工段 | | |
|---|---|---|---|
| | ① | ② | ③ |
| A | 2 | 2 | 2 |
| B | 2 | 2 | 2 |

| 施工过程 | 施工段 | | |
|---|---|---|---|
| | ① | ② | ③ |
| C | 2 | 2 | 2 |
| D | 2 | 2 | 2 |

**解：** 相邻两个施工过程之间的间隔叫流水步距，A 和 B 是相邻的两个施工过程，A 和 B 之间的时间间隔是 $K_{A,B}$。

流水施工工期：$T = (n-1) \times K + mt$

$$= (n-1) \times t + mt$$
$$= (m+n-1) \times t$$
$$= (3+4-1) \times 2 = 12d$$

（3）有间歇时间的固定节拍流水施工

所谓间歇时间，是指相邻两个施工过程之间由于工艺或组织安排需要而增加的额外等待时间，包括工艺间歇时间（$G_{j,j+1}$）和组织间歇时间（$Z_{j,j+1}$）。

**【例 3-5】** 某固定节拍流水施工，施工过程数 $n=3$，施工段数 $m=4$，流水节拍 $t=2$，流水步距 $K=t=2$，所有组织间歇时间 $Z=0$，除 A 和 B 之间 $G_{A,B}=1$ 外，其余均为 0。流水施工工期是多少？

**解：** $T = (m+n-1) \times t + \sum G + \sum Z$

$$= (4+3-1) \times 2 + 1$$
$$= 13\,d$$

（4）有提前插入时间的固定节拍流水施工

提前插入时间，是指相邻两个专业工作队在同一施工段上共同作业的时间。在工作面允许和资源有保证的前提下，专业工作队提前插入施工，可以缩短流水施工工期。

对于有提前插入时间的固定节拍流水施工，其流水施工工期为：

$$T = (m+n-1) \times t + \sum G + \sum Z - \sum C \qquad (3\text{-}2)$$

**【例 3-6】** 某工程划分为 A、B、C、D 4 个施工过程，3 个施工段，现在要在各施工段上组织固定节拍流水施工，流水节拍为 3d，要求 A、B 间的组织间歇时间为 3d，C、D 间的工艺间歇时间为 2d，B 工作在 A 工作结束前 2d 插入施工，流水施工工期是多少？

**解：** 由题目知 $n=4$，$m=3$，$t=2$，$G=2$，$Z=3$，$C=2$

则 $T = (m+n-1) \times t + \sum G + \sum Z - \sum C = (3+4-1) \times 2 + 2 + 3 - 2 = 15\,d$

6. 加快的成倍节拍流水施工

（1）加快的成倍节拍流水施工的特点

1）同一施工过程在各施工段上的流水节拍均相等；不同施工过程的流水节拍不等，但其值为倍数关系；

2）相邻专业工作队的流水步距相等，且等于流水节拍的最大公约数；

3）专业工作队数大于施工过程数，即有的施工过程只成立一个专业工作队，而对于流水节拍大的施工过程，可按其倍数增加相应专业工作队数目；

4）各专业工作队在施工段上能够连续作业，施工段之间没有空闲时间。

（2）加快的成倍节拍流水施工工期

$$T = (n-1)K + mt$$
$$= (n-1)t + mt$$
$$= (m+n-1)t \tag{3-3}$$

**【例 3-7】** 某工程有 3 个施工过程，各分为 4 个流水节拍相等的施工段，各施工过程的流水节拍分别为 6、4、4d，如表 3-7 所示。若组织加快的成倍节拍流水施工，专业工作队数和流水施工工期分别为多少？

加快的成倍节拍流水施工             表 3-7

| 施工过程 | 施工段 | | | |
|---|---|---|---|---|
| | ① | ② | ③ | ④ |
| A | 6 | 6 | 6 | 6 |
| B | 4 | 4 | 4 | 4 |
| C | 4 | 4 | 4 | 4 |

**解：** 由题目可知，4 个施工段的最大公约数为 2，即流水步距 $K=2$，所以 A 施工过程需要工作队数为 6÷2＝3 个，B 施工过程需要工作队数为 4÷2＝2 个，C 施工过程需要工作队数为 4÷2＝2 个，共需施工队数为 3＋2＋2＝7 个。

加快的成倍节拍流水施工进度计划如图 3-6 所示。

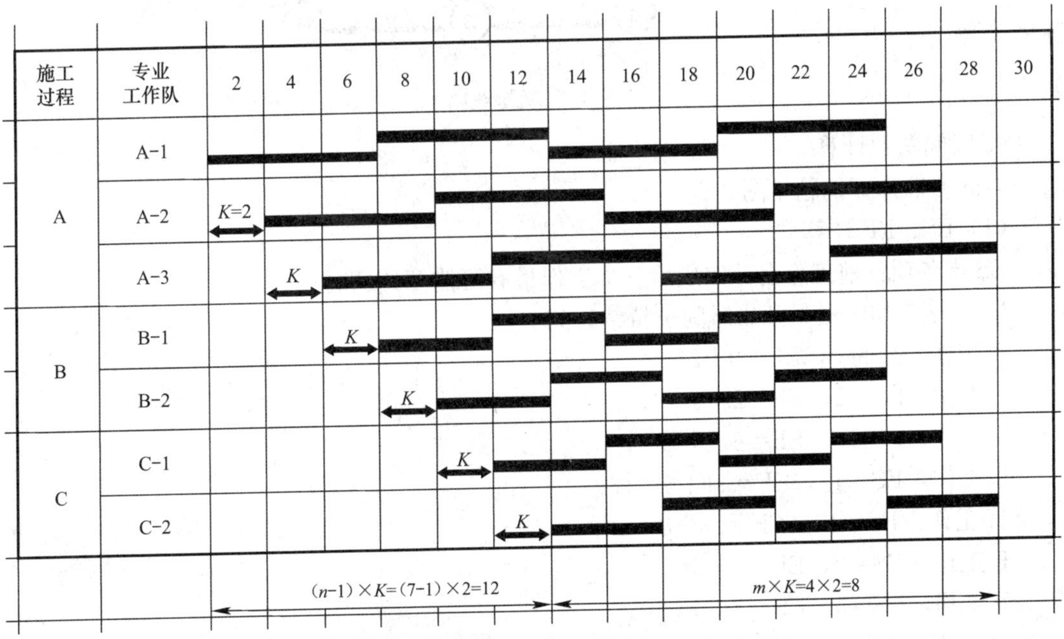

图 3-6 加快的成倍节拍流水施工进度计划

由图 3-6 得：$T = (m+n-1) \times K$
$$= (4+7-1) \times 2 = 20d$$

7. 双代号网络图中的主要时间参数计算

ES：最早开始时间，指各项紧前工作全部完成后，本工作最早开始的时间。

　　EF：最早完成时间，指各项紧前工作全部完成后，本工作最早完成的时间。

　　LF：最迟完成时间，指不影响整个网络计划工期完成的前提下，本工作的最迟完成时间。

　　LS：最迟开始时间，指不影响整个网络计划工期完成的前提下，本工作的最迟开始时间。

　　TF：总时差，指不影响计划工期的前提下，本工作可以利用的机动时间。

　　FF：自由时差，指不影响紧后工作最早开始的前提下，本工作可以利用的机动时间。

　　8. 关键线路和关键工作

　　双代号网络图中持续时间最长的线路为关键线路。在网络计划中，总时差最小的工作为关键工作。当网络计划的计划工期等于计算工期时总时差为零，此时总时差为零的工作就是关键工作，见图3-7。

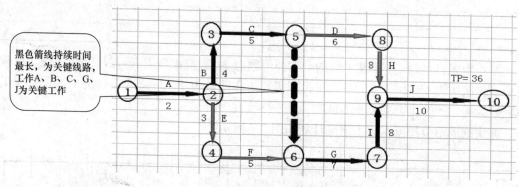

图 3-7　关键线路

　　9. 时间参数计算

　　时间参数计算例题见图 3-7。

　　（1）ES、EF 计算

　　ES 指各项紧前工作全部完成后，本工作最有可能开始的时刻。

　　EF＝该工作的最早开始时间＋持续时间。

　　A 工作：ES＝0，EF＝0＋2＝2；

　　B 工作：ES＝2，EF＝2＋4＝6；

　　C 工作：ES＝6，EF＝6＋5＝11；

　　D 工作：ES＝11，EF＝11＋6＝17；

　　H 工作：ES＝17，EF＝17＋8＝25；

　　E 工作：ES＝2，EF＝2＋3＝5；

　　F 工作：ES＝5，EF＝5＋5＝10；

　　G 工作：最早开始时间等于各项紧前工作的最早完成时间取大值，C 和 F 都是 G 的紧前工作，所以 G 工作的 ES＝11（本例中 C 和 F 的 FF 分别为 11 和 10，取大值 11），EF＝11＋7＝18；

　　I 工作：ES＝18，EF＝18＋8＝26；

　　J 工作：J 工作有 H 和 I 两项紧前工作，H 和 I 的 EF 分别为 25 和 26，取大值 26，所以 J 工作的 ES＝26，EF＝26＋10＝36。

（2）LS、LF 计算

LF：最迟完成时间取相邻紧后工作最迟开始时间的最小值。

LS：LS＝该工作的最迟完成时间－持续时间。

J 工作：LF＝36，LS＝36－10＝26；

H 工作：LF＝26，LS＝26－8＝18；

D 工作：LF＝17，LS＝17－6＝11；

I 工作：LF＝26，LS＝26－8＝18；

G 工作：LF＝18，LS＝18－7＝11；

F 工作：LF＝11，LS＝11－5＝6；

E 工作：LF＝6，LS＝6－3＝3；

C 工作：如果某项工作有紧后工作，则最迟完成时间等于紧后工作最迟开始时间取小值；

C 工作有 D 和 G 两项紧后工作，D 和 G 最迟开始时间均为 11，所以 C 工作的 LF＝11，LS＝11－5＝6；

B 工作：LF＝7，LS＝7－4＝3；

A 工作：A 工作有 B 和 E 两项紧后工作，B 和 E 最迟开始时间均为 3，所以 A 工作的 LF＝3，LS＝3－2＝1。

（3）FF、TF 计算

FF：自由时差的计算应按以下两种情况分别考虑：

1）对于有紧后工作的工作，其自由时差等于本工作的紧后工作最早开始时间减本工作最早完成时间所得之差的最小值。

2）对于无紧后工作的工作，也就是以网络计划终止节点为完成节点的工作，其自由时差等于计划工期与本工作最早完成时间之差。

**注意**：对于网络计划中以终止节点为完成节点的工作，其自由时差与总时差相等。此外，由于工作的自由时差是其总时差的构成部分，所以，当工作的总时差为零时，其自由时差必然为零，可不必进行计算，由此也可得出 FF≤TF。

自由时差 FF＝紧后工作的最早开始时间－本工作的最早完成时间。

总时差 TF＝该工作最迟完成时间－该工作最早完成时间，或该工作最迟开始时间－该工作最早开始时间。

A 工作：FF＝2－2＝0，TF＝3－2＝1 或 TF＝7－6＝1；

B 工作：FF＝6－6＝0，TF＝3－2＝1 或 TF＝7－6＝1；

C 工作：FF＝10－10＝0，TF＝11－11＝0 或 6－6＝0；

D 工作：FF＝17－17＝0，TF＝17－17＝0 或 11－11＝0；

H 工作：FF＝26－25＝1，TF＝26－25＝1 或 18－17＝1；

E 工作：FF＝5－5＝0，TF＝6－5＝1 或 3－2＝1；

F 工作：FF＝10－10＝0，TF＝11－10＝1 或 6－5＝1；

G 工作：FF＝18－18＝0，TF＝18－18＝0 或 11－11＝0；

I 工作：FF＝26－26＝0，TF＝26－26＝0 或 18－18＝0；

J 工作：FF＝36－36＝0，TF＝36－36＝0 或 26－26＝0。

（4）关键工作和关键线路

在网络计划图中找出关键工作之后，将这些关键工作从起始节点到终止节点首尾相连，此时位于该线路上的各项工作的持续时间总和最大，该线路就是关键线路。注意在关键线路上可能有虚工作存在，如图3-7中⑤～⑥节点间的虚工作。

关键线路上各项工作的持续时间总和应等于网络计划的计算工期，这一特点也是判别关键线路是否正确的准则。

## 3.2.4 空间参数

空间参数是指在组织流水施工时，用以表达流水施工在空间布置上开展状态的参数。

（1）工作面

工作面是指某专业工种的工人或某种施工机械进行施工的活动空间。工作面的大小，表明能安排施工人数或机械台数的多少。每个作业的工人或每台施工机械所需工作面的大小，取决于单位时间内其完成的工程量和安全施工的要求。工作面确定得合理与否，直接影响专业工作队的生产效率。因此，必须合理确定工作面。

（2）施工段

将施工对象在平面或空间上划分成若干个劳动量大致相等的施工段落，称为施工段或流水段。施工段的数目一般用 $m$ 表示，它是流水施工的主要参数之一。

1）划分施工段的目的

划分施工段的目的就是为了组织流水施工。在组织流水施工时，专业工作队完成一个施工段上的任务后，遵循施工组织顺序又到另一个施工段上作业，产生连续流动施工的效果。

一般一个施工段在同一时间内，只安排一个专业工作队施工，各专业工作队遵循施工工艺顺序依次投入作业，同一时间内在不同施工段上平行施工，使流水施工均衡地进行。

组织流水施工时，可以划分足够数量的施工段，充分利用工作面，避免窝工，尽量缩短工期。

2）划分施工段的原则

① 同一专业工作队在各施工段上的劳动量应大致相等，相差幅度不宜超过10%～15%。

② 每个施工段内要有足够的工作面，以保证相应数量的工人、主要施工机械的生产效率，满足合理施工组织的要求。

③ 施工段的界限应尽可能与结构分界点（如沉降缝、伸缩缝等）相吻合，或设在对建筑结构整体性影响小的部位，以保证建筑结构的整体性。

④ 施工段的数目要满足合理组织流水施工的要求。施工段过多，会降低施工速度，延长工期；施工段过少，不利于充分利用工作面，可能造成窝工。

⑤ 对于多层建筑物、构筑物或需要分层施工的工程，应既分施工段，又分施工层，各专业工作队依次完成第一施工层中各施工段的任务后，再转入第二施工层的施工段上作业，依此类推，以确保相应专业工作队在施工段与施工层之间，组织连续、均衡、有节奏地流水施工。

## 3.2.5 工艺参数

工艺参数是指组织流水施工时，用以表达流水施工在施工工艺方面进展状态的参数，通常包括施工过程和流水强度两项参数。

（1）施工过程

组织建设工程流水施工时，根据施工组织设计及计划安排需要而将计划任务划分成的子项称为施工过程。

施工过程的数目一般用 $n$ 来表示，它是流水施工的重要参数之一。根据性质和特点不同，施工过程一般分为三类，即建造类施工过程、运输类施工过程和制备类施工过程。

1）建造类施工过程，是指在施工对象的空间上直接进行砌筑、安装与加工，最终形成建筑产品的施工过程。

2）运输类施工过程，是指将建筑材料、各类构配件、成品、制品和设备等运到工地仓库或施工现场使用地点的施工过程。

3）制备类施工过程，是指为了提高建筑产品生产的工厂化、机械化程度和生产能力而形成的施工过程，如砂浆、混凝土、各类制品、门窗等的制备过程和混凝土构件的预制过程。

由于建造类施工过程占有施工对象的空间，直接影响工期的长短，因此必须列入施工进度计划，且其大多作为主导施工过程或关键工作。运输类与制备类施工过程一般不占有施工对象的工作面，不影响工期，故不需要列入施工进度计划之中，只有当其占有施工对象的工作面，影响工期时，才列入施工进度计划中。

（2）流水强度

流水强度是指流水施工的某施工过程（或专业工作队）在单位时间内完成的工程量，也称为流水能力或生产能力。

流水强度通常用 $V$ 来表示。

$$V = \sum_{i=1}^{X} R_i \cdot S_i \tag{3-4}$$

式中　$V$——某施工过程（或专业工作队）的流水强度；

　　　$R_i$——投入该施工过程的第 $i$ 种资源量（施工机械台数或工人数）；

　　　$S_i$——投入该施工过程的第 $i$ 种资源的产量定额；

　　　$X$——投入该施工过程的资源种类数。

【例 3-8】　某钢筋绑扎工程，安排一个钢筋班组（20 个钢筋工）作业，已知每个钢筋工每天可绑扎 80m²，钢筋班组在钢筋绑扎施工过程上的流水强度是多少？

**解：** 由题目可知 $R_i=20$，$S_i=80$，$X=1$，则流水强度 $V=20\times80=1600\text{m}^2/\text{d}$。

# 3.3　劳动力计算及组织、施工临时设施

在各种施工组织设计尤其是投标施工组织设计中，工、料、机等资源需求的正确估测与计算是整个施工组织设计过程的基础，而劳动力的计算及组织尤为重要。

## 3.3.1　分解工程项目，计算相关工作劳动力

要正确进行施工组织方案、进度等设计，就必须准确计算出各分部、分项工程劳动力

需求数量，同时所计算出的劳动力可进一步统计为单项工程、单位工程直至工程项目的劳动力总量，所以此项工作也是进行劳动力总量统计的基础工作。

1. 确定现场施工人员的组成

不同项目规模不同，工期长短不同，项目完成标准不同，管理模式不同，如项目总承包、施工总承包、单项或阶段性项目管理，不同的管理模式，其现场人员不仅组成不一样，而且所占比例也各不相同，但施工总承包单位通常由下列人员组成：

（1）生产工人，如钢筋工、木工、架子工、混凝土工等。

（2）管理人员，如项目经理、项目总工、施工员、技术员、工长等。

（3）服务人员，如项目财务人员、项目食堂工作人员、门卫、电脑维修人员等。

（4）临时劳动力，如为赶工期临时增加的施工人员等。

2. 熟练掌握所用各工种的单人技术水平

（1）人员不同、生产效率不同

每个人从事建筑行业的时间长短不同、接受技能培训的能力不同、个人素质不同、身体状况不同、技术水平不同等情况，导致了不同人员从事同一项工作的生产效率不同。

（2）时间不同、生产效率不同

天气情况不同、气候不同，如冬季与夏季、旱季与雨季，都会影响到工人的技术水平的发挥。即便是同一个工人，在同一天的上午和下午、白天和晚上的技术水平也是不一样的，这就导致了生产效率的不同。

（3）工程不同、生产效率不同

不同工程、不同结构、不同规模、不同难易程度，也是影响生产效率的一个重要因素。如普通住宅与别墅、框架结构与剪力墙结构、超高层与低层建筑、地上工程与地下工程等。

3. 劳动力计算

影响生产效率的因素有很多，在计算劳动力时，要综合各种主观与客观因素，准确采用符合实际工程需要的劳动生产效率。劳动力计算最基本的是先计算各分部分项工程的劳动力。

**【例 3-9】** 某高层建筑有筏板基础钢筋 1000t，计划 25d 绑扎完毕，不考虑后台制作，钢筋绑扎人工效率为 1t/d（9h），需要安排多少工人才可以如期完成。

**解：** 需要安排钢筋绑扎人员 $1000 \div 25 \div 1 = 40$ 人。

同理可计算出模板支护、混凝土浇筑等各分部分项工程需要多少人，进而计算出单位工程及项目需要多少人。

## 3.3.2 施工临时设施

（1）施工临时设施的内容

施工临时设施指现场的办公室、会议室、警卫室、工人宿舍、食堂、厕所、钢筋加工棚、木工加工棚、水泥棚、材料堆场、洗车池等办公、生活、施工用设施。

（2）施工临时设施的布置要求

1）临时用房

临时用房是指在施工现场建造的，为建设工程施工服务的各种非永久性建筑物，包括办公用房、宿舍、厨房操作间、食堂、锅炉房、发电机房、变配电房、库房等，见图 3-8、图 3-9。

（1）临时用房是一种新型的轻钢组合板房，在材质和钢构合理的搭配下，可以达到非常好的安全作用，可以抵抗7级以上强震和12级台风，而这是一般房屋难以做到的。
（2）临时用房的成本较低，由于临时用房的一些特点，相较于一些砖瓦房而言，它的成本非常低，且可以循环利用，使用寿命也比较长。
（3）临时用房的施工速度很快，而且不会产生建筑垃圾

图 3-8 施工现场临时用房（一）

临时用房：标准间尺寸为5460mm×3640mm，配置单开彩钢门，规格为960mm×2030mm；设置塑钢推拉窗，规格为1740mm×950mm，保证良好的通风条件。室内高度不低于2.4m，宿舍门、窗、玻璃齐全，地坪采用硬化措施。板房楼道宽1.0m，外侧设置高度不小于1.05m的防护栏杆；根据消防法相关规定，在每栋建筑中间共设置两个净宽为1.0m的疏散楼梯

图 3-9 施工现场临时用房（二）

2）临时设施
临时设施是指在施工现场建造的，为建设工程施工服务的各种非永久性设施，包括围墙、大门、临时道路，见图 3-10、图 3-11。

（1）施工区、生活区围墙在市区一般不低于2.5m，在其他地方一般不低于1.8m。
（2）彩钢板围挡高度不宜超过2.5m，立柱间距不宜大于3.6m，围挡应进行抗风计算

图 3-10 施工现场围挡

材料堆场及其加工场、固定动火作业场、作业棚、机具棚、贮水池及临时给水排水、供电、供热管线等

图 3-11 施工现场木工防护棚

3）材料、半成品材料堆场

材料、半成品材料堆场是用来堆放钢筋、模板、扣件、砖、砌块等周转材料和一次性消耗材料的场地，见图 3-12、图 3-13。

4）临时消防设施

临时消防设施是指设置在建设工程施工现场，用于扑救施工现场火灾、引导施工人员安全疏散等的各类消防设施，包括灭火器、临时消防给水系统、消防应急照明、疏散指示标识、临时疏散通道等，见图 3-14、图 3-15。

图 3-12 钢筋堆场

图 3-13 周转材料堆场

（1）堆场的位置选择应适当，应做到便于运输和装卸，尽量做到减少二次搬运。

（2）选取在地势较高、坚实、平坦的地方，回填土应分层夯实，必须设有排水措施。

（3）材料的堆放要留有通道，符合安全、防火的各项要求。易燃材料应布置在在建房屋的下风向，并且要保持一定的安全距离；混凝土构件的堆放场地必须坚实、坚固、平整。按照规格、型号堆放，垫木位置要正确，对于多层构件的垫木，要求上下对齐，垛位不准超高；混凝土墙板宜设置插放架，插放架最好采用焊接或牢固绑扎，防止倒塌；砖堆要码放整齐，不准超高，与沟槽要保持一定的安全距离；怕日晒雨淋、怕潮湿的材料，应放入库房，并注意通风。

（4）单个建筑工程的施工现场比较窄小，对材料、半成品的堆放要结合各个不同的施工阶段进行。在同一地点要堆放不同阶段使用的材料，以充分利用施工场地，便于安全生产。

（5）施工材料的堆放应根据施工现场的变化及时地调整，并且保持道路畅通，不能因材料的堆放而影响施工通道

5）临时疏散通道

临时疏散通道是指施工现场发生火灾或意外事件时，供人员安全撤离危险区域并到达安全地点或安全地带所经的路径，见图 3-16。

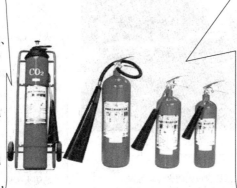

灭火器不论已经使用过还是未经使用，距出厂的年月已达规定期限时，必须送维修单位进行水压试验检查。
（1）手提式和推车式灭火器、手提式和推车式干粉灭火器，以及手提式和推车式二氧化碳灭火器期满五年，以后每隔两年，必须进行水压试验等检查。
（2）手提式和推车式机械泡沫灭火器、手提式清水灭火器满三年，以后每隔两年，必须进行水压试验检查。
（3）手提式和推车式化学泡沫灭火器、手提式酸碱灭火器期满两年，以后每隔一年，必须进行水压试验检查

灭火器从出厂日期算起，达到如下年限的，必须报废：
手提式化学泡沫灭火器——5年；
手提式酸碱灭火器——5年；
手提式清水灭火器——6年；
手提式干粉灭火器（贮气瓶式）——8年；
手提贮压式干粉灭火器——10年；
手提式灭火器——10年；
手提式二氧化碳灭火器——12年；
推车式化学泡沫灭火器——8年；
推车式干粉灭火器（贮气瓶式）——10年；
推车贮压式干粉灭火器——12年；
推车式灭火器——10年；
推车式二氧化碳灭火器——12年

图 3-14 灭火器

图 3-15 消防应急照明灯具

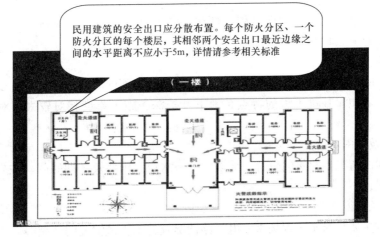

民用建筑的安全出口应分散布置。每个防火分区、一个防火分区的每个楼层，其相邻两个安全出口最近边缘之间的水平距离不应小于5m，详情请参考相关标准

图 3-16 火警疏散指示图

6）临时消防救援场地

临时消防救援场地是指施工现场中供人员和设备实施灭火救援作业的场地，见图 3-17。

（1）动火作业应办理动火许可证；动火许可证的签发人收到动火申请后，应前往现场查验并确认动火作业的防火措施落实后，再签发动火许可证。
（2）动火操作人员应具有相应资格。
（3）焊接、切割、烘烤或加热等动火作业前，应对作业现场的可燃物进行清理；作业现场及其附近无法移走的可燃物应采用不燃材料对其覆盖或隔离。
（4）施工作业安排时，宜将动火作业安排在使用可燃建筑材料的施工作业前进行。确需在使用可燃建筑材料的施工作业之后进行动火作业时，应采取可靠的防火措施。
（5）裸露的可燃材料上严禁直接进行动火作业。
（6）焊接、切割、烘烤或加热等动火作业应配备灭火器材，并应设置动火监护人进行现场监护，每个动火作业点均应设置1名监护人

（1）施工现场的重点防火部位或区域应设置防火警示标识。
（2）施工单位应做好施工现场临时消防设施的日常维护工作，对已失效、损坏或丢失的消防设施应及时更换、修复或补充。
（3）临时消防车道、临时疏散通道、安全出口应保持畅通，不得遮挡、挪动疏散指示标识，不得挪用消防设施。
（4）施工期间，不应拆除临时消防设施及临时疏散设施。
（5）施工现场严禁吸烟。应定期清理油垢。

图 3-17　消防演练

## 3.4　单位工程施工组织设计的编制

### 3.4.1　单位工程施工组织设计的内容

（1）工程概况

工程概况是对工程施工条件的一个简要说明，主要包括：

1）工程特点

工程特点主要介绍工程的设计图纸情况，介绍是否采用了新材料、新工艺、新技术等，指出施工的重点和难点。

2）施工特点

不同类型的建筑，不同条件下的工程施工，均有其不同的施工特点，主要体现在建筑的结构特点上，如深基坑工程的特点是地下开挖深、施工难度相对较大、对技术要求较高等。

3）工程及周围情况

工程及周围情况如建筑的位置、地质、地下水位、雨期及冬期时间、主导风向以及地震烈度等情况。

4）施工条件

施工条件主要是对施工现场水、电、路情况及施工机械情况的介绍等。

（2）项目的质量目标及要求

主要介绍工程合同对工程项目的质量要求，根据合同要求确定工程质量目标，再确定分部分项工程质量目标，还应制定保证质量目标实现的措施。

（3）施工方案和施工方法

1）施工方案的选择

单位工程的施工方案是该单位工程施工的战术性决策意见，应在若干个初步方案的基础上进行筛选优化后决定。在编制单位工程施工方案时，应具体确定施工程序和施工流水方向等。

2）主要分部分项施工方法的选择

分部分项施工方法是施工操作的具体指导性意见，若有多种施工方法可选择时，应做技术、经济分析比较后，择优选择合理且切实可行的施工方法。

3）现场垂直和水平运输方案的选择

在编制施工组织设计时，应在技术、经济等方面做比较后选用经济合理的垂直运输设备。

（4）施工进度计划

单位工程施工进度计划是以施工方案为基础，根据合同工期和技术物资提供条件，遵循合理的施工工艺顺序和统筹安排各项施工活动的原则进行编制的，是整个施工活动日期的指导性计划。

单位工程施工进度计划的作用是明确各分部分项工程间的相互衔接、配合关系；确定劳动力、机械、材料等资源随时间进展的供应计划，指导现场施工并确保施工任务如期完成。

（5）施工准备工作及各项资源需求量计划

1）劳动力需用量计划

编制劳动力需用量计划时，应详细分析各工种人员在各施工阶段的变化情况，宜画出工种人员的动态图。

2）施工机具、机械需用量计划

施工机具、机械需用量计划要根据施工方案编制的主要施工机具、设备的名称、数量、规格、型号、进退场时间以及机具、机械的来源（租赁、自有）等进行编制。

3）主要材料需用量计划

主要材料需用量计划要根据施工预算和施工进度计划进行编制，编制时应明确材料名称、规格、品种、使用时间及进场时间等。

（6）施工平面布置图

单位工程施工平面布置图是对拟建工程的施工现场所做的平面规划和布置，是施工组织设计的重要内容。施工平面布置图应对施工所需的机械设备、加工场地、材料、半成品和构件堆放场地及临时运输道路、临时供水、供电、供热管线及其他临时设施等进行合理地规划布置，是现场文明施工的基本特征，对于比较复杂的工程或施工工期较长的单位工程，应随工程的进展（如基础、主体、装饰装修等）绘制相应的施工平面布置图。

（7）主要技术组织措施

1）进度保证措施

采用先进的施工技术和合理的作业顺序，如在流水施工的同时加强对作业顺序的规范化管理。

2）质量保证措施

建立质量管理团队，实行质量责任制；加强技术交底；加强员工质量意识及技能培训；制定季节性施工措施，如冬期、雨期施工措施等。

3) 安全保证措施

建立安全管理团队，实行安全责任制；加强班前安全技术交底，加强员工安全知识及技能培训；加强对工程重点、危险部位的安全检查，严格实行持证上岗。

4) 施工成本降低措施

临时设施尽量利用已有的各项设施，或利用已建工程作为临时设施，减少临设费用；砂浆、混凝土等掺加外加剂，以减少水泥用量；加大垂直及水平运输设备的利用率；采用先进的钢筋焊接技术，以节约钢筋；加快工程款的回收工作。

5) 文明施工保证措施

建立现场文明施工责任制，进场材料堆放整齐；班前进行文明施工交底，做到工完场清；定期进行文明施工检查；做好成品保护和机械保养工作。

（8）主要技术经济指标

主要技术经济指标通常包括：工期目标、质量目标、安全目标、环境目标、成本目标等。

## 3.4.2 单位工程施工组织设计的编制依据

（1）主管部门的批示文件及有关要求；

（2）经会审的施工图；

（3）施工企业年度施工计划；

（4）施工组织总设计；

（5）工程预算文件及有关定额；

（6）建设单位对工程施工可能提供的条件；

（7）本工程的施工条件；

（8）施工现场的勘察资料；

（9）国家有关规定和标准；

（10）有关的参考资料及施工组织设计实例。

## 3.4.3 单位工程施工组织设计的编制程序

（1）熟悉各项编制依据，属于施工招标阶段的工程，应熟悉招标方发出的标书要求；

（2）熟悉设计图纸，理解设计意图；

（3）进行现场实际勘察，熟悉施工组织设计的内容；

（4）计算工程量，进行工料分析统计；

（5）确定项目的质量目标；

（6）确实施工工艺顺序及各施工方案和施工方法；

（7）编制施工进度计划；

（8）编制材料、构件等需用量计划及进场计划；

（9）编制劳动力需用量计划及进场计划；

（10）编制施工机具、机械需用量计划及进场计划；

（11）编制生产、生活临时设施需用计划；

（12）编制项目施工用水用电计划及方案；

（13）编制施工准备工作计划；

（14）编制针对项目所需的验证、确认、监控、检验、试验及产品的验收准则；

（15）确定主要技术组织措施；

（16）确定主要技术经济指标；

（17）绘制各施工阶段的施工现场平面布置图；

（18）报上级部门审批。

### 3.4.4 单位工程施工组织设计的编制原则

（1）认真贯彻党和国家对基本建设的各项方针和政策；

（2）严格遵守合同规定的工程竣工及交付使用期限；

（3）合理安排施工程序和顺序；

（4）采用先进施工技术，科学制定施工方案，提高机械化施工水平；

（5）采用流水施工方法和网络技术安排进度计划；

（6）合理布置施工平面图，减少施工用地；

（7）结合企业自身实际，积极采用相应的新技术、新工艺；

（8）尽量降低工程成本，提高工程经济效益；

（9）坚持质量第一，重视施工安全；

（10）满足"三性"，即符合性、有效性、可操作性。

## 3.5 施工组织设计的管理

### 3.5.1 施工组织设计的编制与审批

（1）一般的施工组织设计由项目技术负责人组织技术人员编制，内容完整，技术负责人签字齐全，然后报项目经理批准，经公司管理部门和公司总工审核，报总监理工程师审批后实施；同时报公司质量安全部门备案。

（2）规模较大项目的施工组织设计，由项目技术负责人组织技术人员编制，内容完整，技术负责人签字齐全，然后报项目经理批准，经公司管理部门和公司总工程师审核后报公司进行审查，经监理单位审批后实施；同时报公司质量安全部门备案。

（3）上报审批的施工组织设计，需报送2份，若有修改，则在修改后应再报送1份修改稿，报公司备案的须上报1份。

（4）施工组织设计应在工程开工或某阶段施工前2周报批。若施工组织设计未按要求上报公司，公司应责令施工单位停工。

### 3.5.2 施工组织设计的实施、修改、检查

（1）施工组织设计审批通过后，应由项目经理组织召开方案交底会议，由项目技术负责人进行交底。若施工过程中出现变更情况，应提出书面修改方案，修改施工组织设计相应内容，经审批后重新进行技术交底后实施。

（2）经修改的施工组织设计应按原审批程序进行审批。属公司审批的重大修改由公司技术负责人审批，并签署修改意见。

（3）在施工组织设计实施中，公司应对以下内容进行检查：

1）项目部是否按已审批的施工组织设计要求组织施工。

2）若有修改，是否有审批手续。

3）施工组织设计实施过程中有无出现问题，问题有无解决。

4）施工组织设计的实施检查工作由公司技术部门执行，发现不按施工组织设计施工者，责令其整改，情况严重者，公司技术部门有权责令其立即停工，并及时汇报上级领导做出处理。

## 3.6 施工平面图布置

### 3.6.1 施工总平面图设计原则及依据

1. 施工总平面图

施工总平面图是指导现场施工的总体布置图。把拟建项目组织施工的主要活动描绘在一张总图上，作为现场平面管理的依据，见图 3-18。

2. 施工总平面图设计原则

（1）在满足施工需要的前提下，尽量减少施工用地，不占或少占农田，施工现场布置要紧凑合理，见图 3-19（a）。

（2）合理布置起重机械和各项施工设施，科学规划施工道路，尽量降低运输费用，见图 3-19（b）。

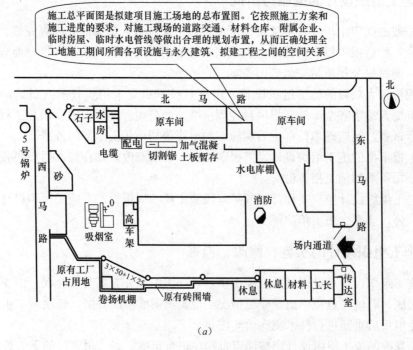

（a）

图 3-18　施工现场总平面图

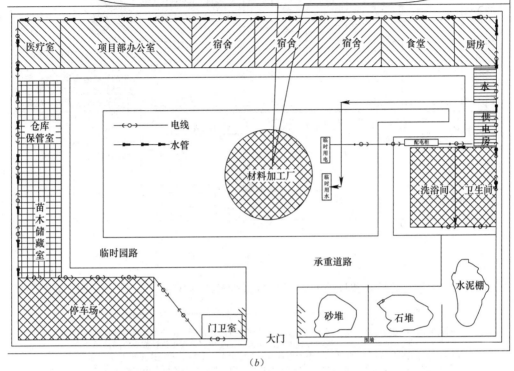

图 3-18 施工现场总平面图（续）

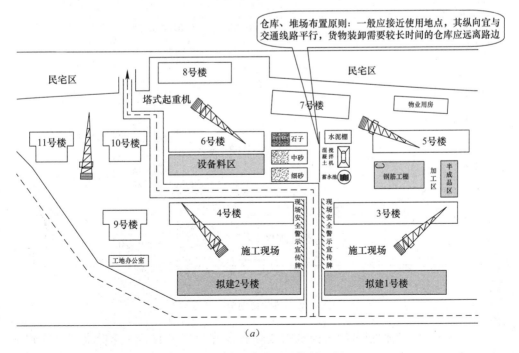

图 3-19 布置合理的现场平面图

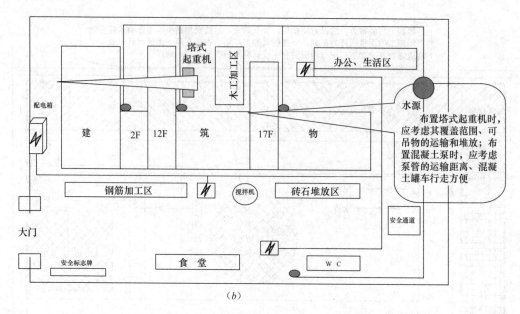

布置塔式起重机时，应考虑其覆盖范围、可吊物的运输和堆放；布置混凝土泵时，应考虑泵管的运输距离、混凝土罐车行走方便

（b）

图 3-19　布置合理的现场平面图（续）

（3）科学确定施工区域和场地面积，尽量减少各专业工种之间交叉作业，见图 3-20。

布置内部临时运输道路：施工现场的主要道路必须进行硬化处理，主干道应有排水措施。临时道路要把仓库、加工厂、堆放和施工点贯穿起来，按货运量大小设计成双行道或单行循环道以满足运输和消防要求。主干道宽度：单行道不小于4m，双行道不小于6m。木材场两侧应有6m宽通道，端头处应有12m×12m回车场，消防车道宽度不小于4m，载重车转弯半径不宜小于15m

（项目部布置图）

| 道 | 现场办公室 | 活动室 | 管理人员宿舍 |

仓库

工人宿舍

工人宿舍

路

临时材料堆放点

钢材堆放场地

材料加工车间

钢筋加工场地

| 食堂 | 浴室（水房） | 卫生间 | 垃圾回收处 |

变电房

图 3-20　科学规划施工区域

（4）尽量利用永久性建筑物、构筑物或现有设施为施工服务，降低施工设施建造费用，尽量采用装配式施工设施，以提高其安装速度，见图 3-21。

临时房屋应尽量利用可装拆的活动房屋。有条件的应使生活办公区和施工区分开。宿舍内应保证有必要的生活空间，室内净高不得小于2.4m，通道宽度不得小于0.9m，每间宿舍居住人员不得超过16人

图 3-21　施工活动用房

（5）各项施工设施布置都要满足：有利于生产、方便生活、安全防火和环境保护要求，见图 3-22。

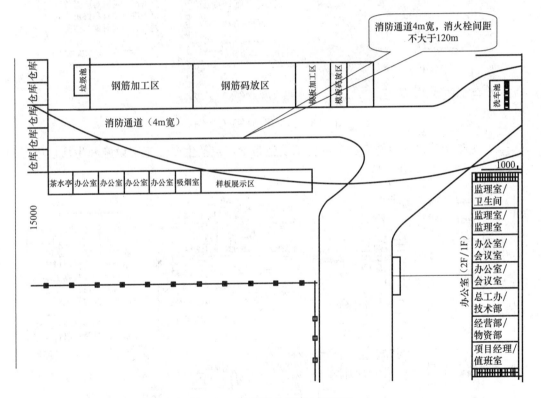

图 3-22　各项施工设施合理布置

3. 施工总平面图设计依据

（1）建设项目建筑总平面图、立面图和地下设施布置图。

（2）建设项目施工部署和主要建筑物施工方案。

（3）建设项目施工总进度计划、施工总质量计划和施工总成本计划。

（4）建设项目施工总资源计划和施工设施计划。

（5）建设项目施工用地范围和水、电源位置，以及项目安全施工和防火标准。

### 3.6.2 施工总平面图设计步骤及内容

1. 施工总平面图设计内容

(1) 建设项目施工用地范围内地形和等高线；全部地上、地下已有和拟建的建筑物、构筑物及其他设施的位置和尺寸。

(2) 全部拟建的建筑物、构筑物和其他基础设施的施工现场平面布置，见图 3-23。

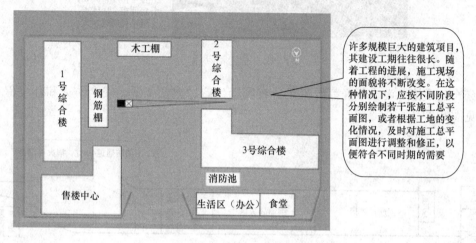

图 3-23 施工现场平面布置图

(3) 为整个建设项目施工服务的施工设施布置，包括生产性施工设施和生活性施工设施两类，见图 3-24、图 3-25。

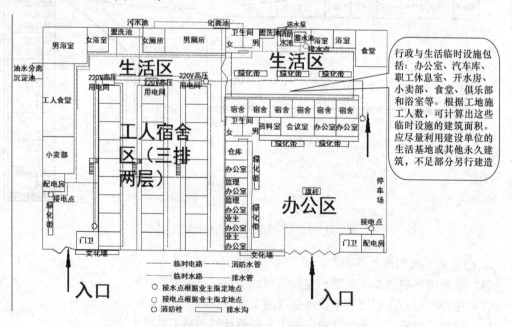

图 3-24 生活性施工设施布置图

(4) 建设项目施工必备的安全、防火和环境保护设施布置。

(5) 垂直运输机械，见图 3-26。

当有可以利用的水源、电源时，可以将水、电从外面接入工地，沿主要干道布置干管、主线，然后与各用户接通。临时总变电站应设置在高压电引入处，不应放在工地中心;临时水池应放在地势较高处。当无法利用现有水、电时，为了获得电源，可在工地中心或工地中心附近设置临时发电设备，沿干道布置主线;为了获得水源，可以利用地上水或地下水，并设置抽水设备和加压设备（简易水塔或加压泵），以便储水和提高水压。然后把水管接出，布置管网。施工现场供水管网有环状、枝状和混合式三种形式，根据工程防火要求，应设立消防站，一般设置在易燃建筑物（木材、仓库等）附近，并须有通畅的出口和消防车道，其宽度不宜小于6m，与拟建房屋的距离不得大于25m，并不得小于5m，沿道路布置消火栓时，其间距不得大于100m，消火栓到路边的距离不得大于2m

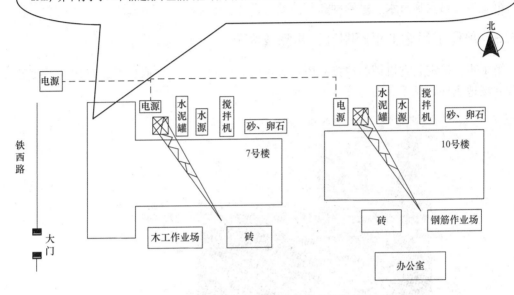

图 3-25 生产性施工设施布置图

确定起重机械的位置:
塔式起重机的平面位置主要取决于建筑物的平面形状和四周场地条件。
有轨式塔式起重机:一般在场地较宽的一侧沿建筑物的长度方向布置。
布置方法有:沿建筑物单侧布置、双侧布置和跨内布置三种。
固定式塔式起重机:一般布置在建筑物中心或建筑物长边的中间

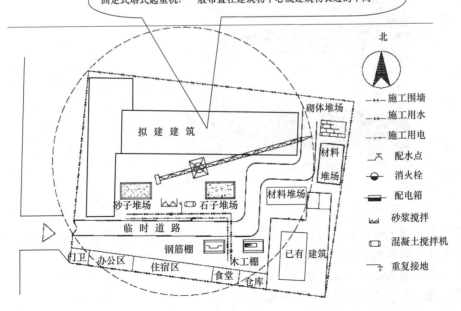

图 3-26 垂直运输机械平面布置图

2. 施工总平面图设计步骤

第1步：确定运输线路；

第2步：布置仓库和堆场；

第3步：布置场内临时道路；

第4步：布置行政和生活临时设施；

第5步：布置临时水、电管网和其他动力设施。

### 3.6.3 单位工程施工平面图设计步骤及内容

第1步：确定起重机械的位置。塔式起重机的平面位置主要取决于建筑物的平面形状和四周场地条件，见图3-27、图3-28。

图3-27 塔式起重机布置

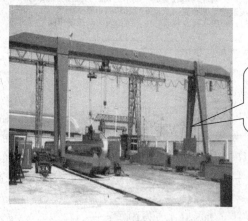

图3-28 起重机设置

第2步：确定搅拌站、加工棚和材料、构件堆场的位置，见图3-29、图3-30。

第3步：布置运输道路，见图3-31。

第4步：布置临时设施，见图3-32。

第5步：布置临时水电管网，见图3-33。

第6步：布置临时仓库和堆场，见图3-34。

图 3-29 材料设备布置图

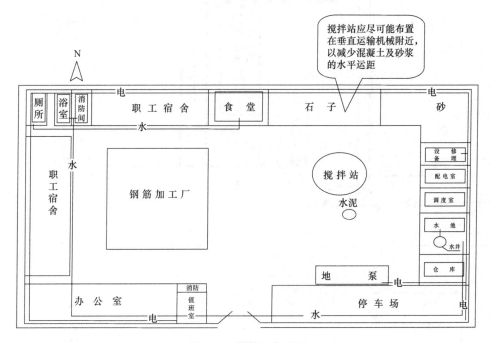

图 3-30 搅拌站布置图

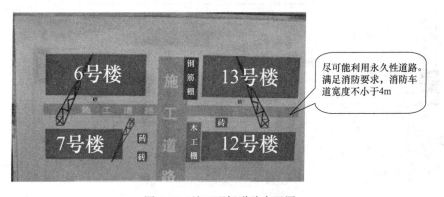

图 3-31 施工现场道路布置图

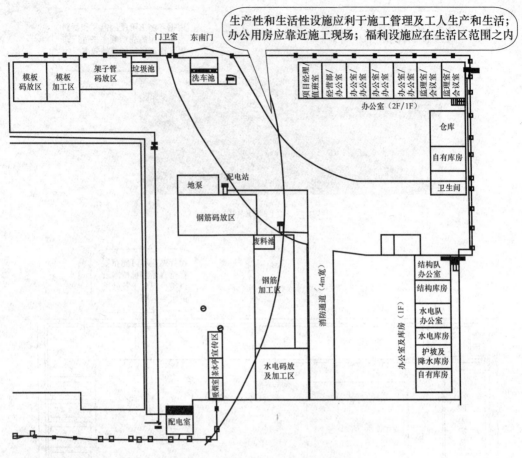

图 3-32　施工现场临时设施布置图

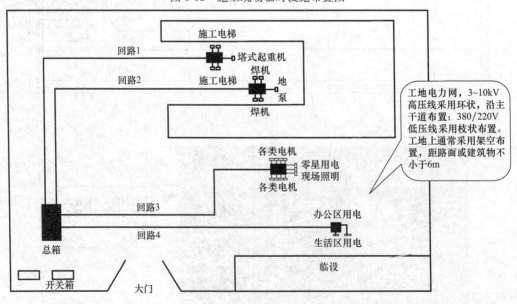

图 3-33　施工现场供电总平面图

通常考虑设置在运输方便、位置适中、运距较短并且安全防火的地方。区别不同材料、设备和运输方式来设置。

（1）当采用铁路运输时，仓库通常沿铁路线布置，并且要留有足够的装卸前线。如果没有足够的装卸前线，必须在附近设置转运仓库。布置铁路沿线仓库时，应将仓库设置在靠近工地一侧，以免内部运输跨越铁路。同时仓库不宜设置在弯道处或坡道上。

（2）当采用水路运输时，一般应在码头附近设置转运仓库，以缩短船只在码头上的停留时间。

（3）当采用公路运输时，仓库的布置较灵活。一般中心仓库布置在工地中央或靠近使用地点，也可以布置在靠近于外部交通连接处。砂石、水泥、石灰、木材等仓库或堆场宜布置在搅拌站、预制厂和木材加工厂附近;砖、瓦和预制构件等直接使用的材料应该直接布置在施工对象附近，以免二次搬运。工业项目建筑工地还应考虑主要设备的仓库（或堆场），一般笨重设备应尽量放在车间附近，其他设备仓库可布置在外围或其他空地上

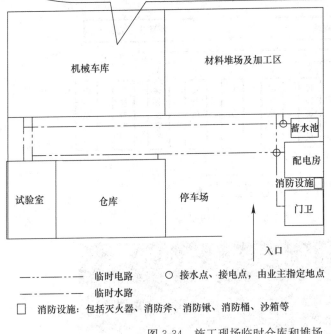

图 3-34 施工现场临时仓库和堆场

# 3.7 施工组织设计的编制

## 3.7.1 编制依据

施工组织设计的编制依据主要有合同文件、图纸和相关规范、标准、图集、地方规定、企业规定、招标文件等。

## 3.7.2 工程概况

工程概况主要包括以下内容：

（1）工程的地理位置、建筑面积、结构、层数（地上与地下）、分包方式、结算方式、总包单位、分包单位、监理单位等。

（2）资金来源（自有资金或政府投资等）、政府监督机构等。

（3）周围资源分析。如工程项目周围的交通运输情况、材料市场、劳动力市场、机械

市场供应情况，水力电力供应情况及有无可租用的房屋等。

(4) 典型的平面图、剖面图，如工程各阶段的施工平面图及工程重点、难点的剖面图等。

(5) 工程质量要达到的标准，如鲁班奖等。

### 3.7.3 施工部署

(1) 组织部署：包括项目组织机构、岗位职责等，见图 3-35、图 3-36。

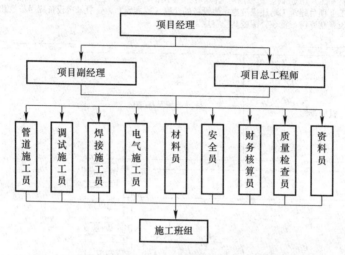

图 3-35 项目组织机构

项目技术负责人岗位职责

1. 负责项目工程技术及质量控制，编制工程质量计划并做好技术交底。

2. 认真贯彻执行国家的有关规范、验收标准和上级部门规定的制度、措施，监督施工人员履行质量职责，对工程施工进行指导和监督。

3. 贯彻执行公司质量、安全、环境体系文件，组织开展技术攻关活动，推广应用新技术、新工艺、新材料。

4. 组织项目部有关部门人员进行图纸会审，参加设计交底，解决图纸问题。

5. 主持基础、结构及竣工验收，主持工程隐验、预检及工程质量的验评工作。

6. 协助项目经理对工程质量进行控制，对不合格产品制定纠正和预防措施，并监督实施。

7. 监督指导项目部的文件、资料以及质量记录的控制工作，负责统计技术指导。

8. 主持工程测量工作，对检验、测量、试验设备进行管理。

图 3-36 岗位职责

（2）施工总部署：包括项目总体施工顺序、工期安排、平面部署、空间安排（交叉作业等）、机械设备安排、拟投入施工的最高人数等。

（3）施工任务划分：包括总包的内容、总包分包的内容、业主分包的内容等。

## 3.7.4　施工进度计划

（1）陈述项目总体进度计划，如工期目标等。

（2）陈述关键里程碑计划，主要是关键节点时间的安排、控制及保证。

（3）陈述主要资源进度计划，如主要材料及周转材料需求计划、机械设备需求计划、设备采购订货计划等。

（4）陈述施工准备工作计划，如施工准备工作组织及时间安排、技术准备及编制质量计划、作业人员与管理人员计划、物资与资金准备计划等。

## 3.7.5　施工现场总平面布置图

施工现场总平面布置图是施工的动态部署图，随着工程进展，不同阶段应有相应的平面布置图。按照进度主要有：基础（地下结构）施工平面布置图、主体结构施工平面布置图、装饰装修施工平面布置图、施工现场消防平面布置图、施工现场临水临电平面布置图及生活区、办公区布置图。见图3-37～图3-41。

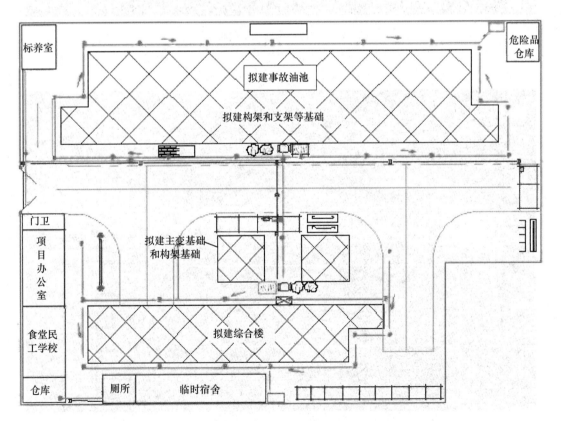

图 3-37　基础（地下结构）施工平面布置图

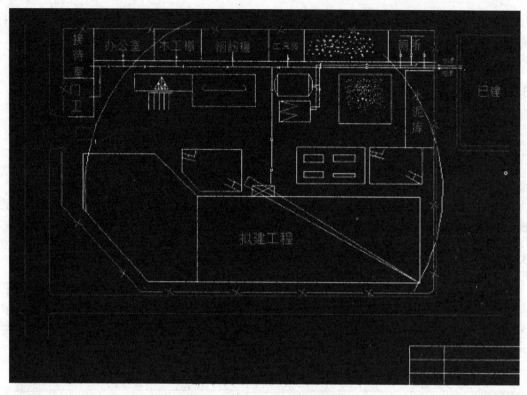

图 3-38　主体结构施工平面布置图

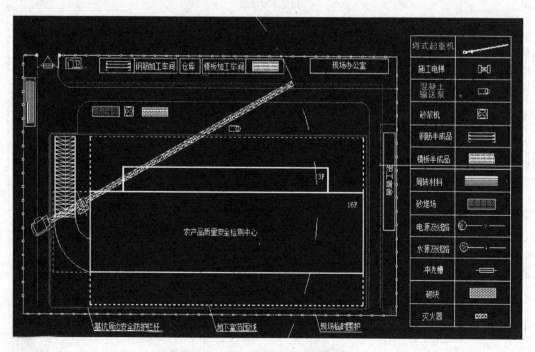

图 3-39　装饰装修施工平面布置图

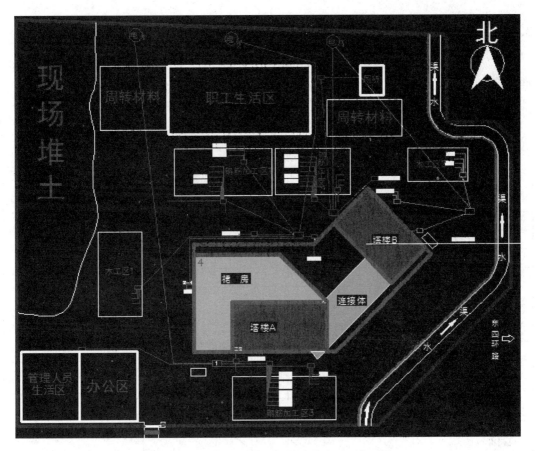

图 3-40 施工现场消防平面临水临电平面布置图

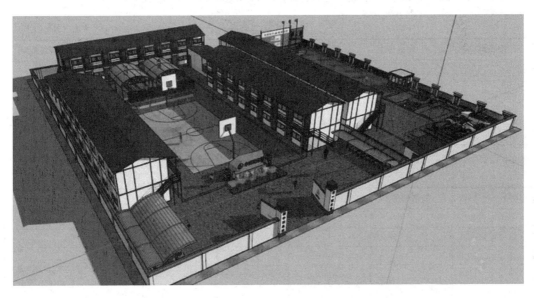

图 3-41 生活区、办公区布置图

## 3.7.6 施工准备

（1）进度保障计划的准备，包括图纸深化、方案设计等技术资料的准备，对外协调的准备等。

（2）场地准备，包括施工主干道准备及场地平整方案准备。

（3）劳动力的准备，包括劳动力需求计划及进场计划。劳动力投入计划见表3-8。

劳动力投入计划　　　　　　　　　　　　　　　　　表3-8

| 工种 | 施工高峰人数 | ××××年 | | | | ××××年 | | | | ××××年 | | | |
|---|---|---|---|---|---|---|---|---|---|---|---|---|---|
| | | 一季度 | 二季度 | 三季度 | 四季度 | 一季度 | 二季度 | 三季度 | 四季度 | 一季度 | 二季度 | 三季度 | 四季度 |
| 泥工 | | | | | | | | | | | | | |
| 木工 | | | | | | | | | | | | | |
| 钢筋工 | | | | | | | | | | | | | |
| 混凝土工 | | | | | | | | | | | | | |
| 普工 | | | | | | | | | | | | | |
| 粉刷工 | | | | | | | | | | | | | |
| 架子工 | | | | | | | | | | | | | |
| 装潢技工 | | | | | | | | | | | | | |
| 机修工 | | | | | | | | | | | | | |
| 电工 | | | | | | | | | | | | | |
| 电焊工 | | | | | | | | | | | | | |
| 塔式起重机司机 | | | | | | | | | | | | | |
| 合计 | | | | | | | | | | | | | |

（4）主要机具、机械的准备，包括需求计划及进场计划，见表3-9、表3-10。

机械设备一览表　　　　　　　　　　　　　　　　表3-9

| 设备名称 | 规格型号 | 质量等级 | 单位 | 数量 | 到场时间 |
|---|---|---|---|---|---|
| | | | | | |
| | | | | | |
| | | | | | |
| | | | | | |

施工机械需求计划表　　　　　　　　　　　　　　表3-10

| 序号 | 名称 | 规格型号 | 功率 | 数量 | 拟进场时间 | 拟退场时间 | 自购或租赁 |
|---|---|---|---|---|---|---|---|
| 1 | | | | | | | |
| 2 | | | | | | | |
| 3 | | | | | | | |
| 4 | | | | | | | |
| … | | | | | | | |

（5）主要材料的准备，包括需求计划及进场计划，见表3-11～表3-16。

主要材料需求计划表（土建）  表3-11

| 材料名称 | 规格型号 | 单位 | 分部工程数量 | | | | | | | 合计 |
|---|---|---|---|---|---|---|---|---|---|---|
| | | | 桩基 | 基础 | 主体 | 屋面 | 楼地面 | 门窗 | 装饰 | |
| | | | | | | | | | | |
| | | | | | | | | | | |
| | | | | | | | | | | |
| | | | | | | | | | | |
| | | | | | | | | | | |
| | | | | | | | | | | |
| | | | | | | | | | | |

主要材料需求计划表（安装）  表3-12

| 材料名称 | 规格型号 | 单位 | 分部工程数量 | | | | | 合计 |
|---|---|---|---|---|---|---|---|---|
| | | | 给水排水 | 电气 | 通风空调 | 消防 | 综合布线 | |
| | | | | | | | | |
| | | | | | | | | |

主要材料供应要求表  表3-13

| 材料名称 | 规格 | 要求质量等级 | 对供货商的要求 | 交货地点 |
|---|---|---|---|---|
| | | | | |
| | | | | |
| | | | | |
| | | | | |
| | | | | |

注：主要材料供应要求包括资质、质量保证体系、供货能力、商业信誉。

材料供应总进度计划表  表3-14

| 材料名称 | 规格 | 单位 | 需求量 | 需求量进度 | | | | | | | | | | | |
|---|---|---|---|---|---|---|---|---|---|---|---|---|---|---|---|
| | | | | ××××年 | | | | ××××年 | | | | ××××年 | | | |
| | | | | 一季度 | 二季度 | 三季度 | 四季度 | 一季度 | 二季度 | 三季度 | 四季度 | 一季度 | 二季度 | 三季度 | 四季度 |
| | | | | | | | | | | | | | | | |
| | | | | | | | | | | | | | | | |
| | | | | | | | | | | | | | | | |

甲供产品一览表  表3-15

| 材料名称 | 规格型号 | 质量等级 | 数量（单位） |
|---|---|---|---|
| | | | |
| | | | |
| | | | |
| | | | |

| 序号 | 名称 | 规格型号 | 单位 | 数量 | 拟进场时间 | 自购或租赁 |
|---|---|---|---|---|---|---|
| | | | | | | |
| | | | | | | |
| | | | | | | |
| | | | | | | |

周转材料需求计划表　　　　　表3-16

(6) 临建设施的准备，包括临时住房、临水临电、钢筋加工棚、木工加工棚、搅拌棚、库房、材料堆场的准备等。

(7) 现场临时设施搭设：1）确定现场办公用房搭设位置、面积、层数，所采用的搭设材料及搭设时间。初步确定需在工地居住的人数，生活设施的安排，包括宿舍、食堂、卫生间等设施的搭设位置、面积、层数，所采用的搭设材料及搭设时间。2）现场加工、预制场地确定，包括钢筋加工、木材加工、混凝土搅拌机（站）、构件预制等场地。

(8) 安排好建筑材料、成品、半成品、试块等贮存方式及场地。

(9) 设置场内永久性测量标志及其引入方案，为施工放线定位做好准备。

(10) 试块标准养护室的设置，包括面积、保温及保湿系统。

### 3.7.7 主要施工方法

在施工组织设计中应有各分部分项工程的施工工序及施工方法。

(1) 钢筋绑扎顺序、连接方式、钢筋保护层厚度要求及控制方法等。

(2) 模板选用钢模还是木模、采用何种支撑体系、垂直度要求及控制方法等。

(3) 混凝土浇筑方式、拆模时间控制、养护方法、试块制作方法等。

(4) 地下防水采用何种方式，内贴还是外贴；采用何种防水材料，卷材还是涂膜型防水涂料等。

(5) 混凝土浇筑及防水施工要考虑季节影响，如冬期施工、雨期施工等。

(6) 装修阶段应明确各专业的施工程序、主要的工艺规程、专业交叉施工要点、验收与调试方法等。

### 3.7.8 专项施工方案

1. 桩基工程施工方案

(1) 工程概况

1）工程地点、面积、层数、高度、结构形式等；

2）地质情况；

3）桩数和桩型、承载力等技术参数；

4）质量目标及控制标准；

5）如属分包，应提供分包单位的资质和专业施工人员上岗证。

(2) 施工准备

1）材料，包括桩基施工所需的各种材料，如水泥、钢筋等。同时应明确各种材料的采购要求，如需用量、质量要求、厂家、进场时间等。

2）机械设备，包括桩基施工所需的主要施工机械，可采用表格形式表示。

3）劳动力，包括管理人员和操作工人投入计划。

4）施工场地地坪硬化和施工道路。

5）临设布置。

6）施工用电和用水。

7）临时排水。

（3）施工工艺

1）施工顺序；

2）主要施工方法。

（4）检验与试验

1）原材料进货检验；

2）过程检验，明确检验方法、检验频次、检验人员。

（5）质量保证措施

（6）施工进度计划

（7）附图

包括桩位平面布置图、地质剖面图、施工顺序示意图。

2. 基坑围护（包括土方开挖）工程施工方案

（1）工程概况

1）工程地点、面积、层数、高度、结构形式等；

2）地质情况；

3）围护设计方案（专业设计单位设计）；

4）主要工程量表；

5）施工特点。

（2）围护设计方案

1）围护设计概况；

2）必要的设计计算过程。

（3）施工准备

1）材料，包括施工所需的各种材料，如水泥、钢筋等。

2）机械设备，包括围护结构施工所需的主要施工机械，可采用表格形式表示。

3）劳动力，主要包括各工种操作工人投入计划。

（4）施工方法

1）降水（挡水、排水）；

2）护坡；

3）土方开挖；

4）内支撑。

（5）质量要求和措施

1）基本要求，明确本工程所依据的规范、验评标准等；

2）降水（挡水、排水）；

3）护坡；

4）土方开挖。

（6）应急措施

1）应急材料准备；

2）应急方案。

（7）检测

1）检测内容；

2）检测点布置；

3）检测仪器及检测人员；

4）检测方法；

5）警戒。

（8）施工进度计划

包括网络图或横道图。

（9）附图

3. 塔式起重机装拆及使用方案

（1）工程概况

1）工程地点、面积、层数、高度、结构形式等；

2）场地地质情况、基础形式；

3）采用的塔式起重机生产厂家、型号、技术参数（臂长、起吊能力、起重高度、对基础的最大压力和倾覆力矩）。

（2）塔式起重机选型及定位

1）塔式起重机选型；

2）塔式起重机定位；

3）场地准备；

4）装拆单位资质证书和装拆人员上岗证；

5）装拆施工要点。

（3）塔式起重机基础验算

1）基础选型；

2）地质情况；

3）荷载计算；

4）基础受力计算，基础抗冲切塔式起重机验算（如按塔式起重机说明书要求设置基础，可不必验算）、地基承载力验算（注意：应考虑塔式起重机对基础的压力和倾覆力矩）。

（4）塔式起重机安装及拆除；

1）安装及拆除顺序；

2）安装方法；

3）塔式起重机的顶升作业；

4）塔式起重机附墙设置（附墙设置位置和设置方法需图示）；

5）塔式起重机操作使用；

6）维护与保养；

7）安全措施；

8）附图、附表，包括塔式起重机安装处地质剖面图、塔式起重机平面布置图、塔式起重机基础详图、塔式起重机附墙详图。

4. 施工临时用电系统方案

（1）工程概况

拟建建筑物概况、现场变压器容量、机械设备配备表。

（2）用电负荷计算

变压器容量验算、总线和分线的线径计算及导线截面选择。

（3）供电线路布置及配电箱设置

根据施工规范、施工现场的实际情况及施工平面布置图，设置供电系统形式、配电线路分布、导线规格型号、配电箱、开关箱型号。

（4）配电系统图和平面布置图

系统图中注明各级分配电箱和开关箱的设置线路、所带设备，注明所选导线型号和线径；平面图中注明配电线路平面布置图、各种配电箱及其位置。

5. 地下室施工方案

（1）工程概况

地下室面积、层数、深度、底板厚度、结构形式等；地质情况；施工特点。

（2）施工准备

1）材料准备

水泥：型号、标号、生产厂家；

粗骨料：粒径、含泥量、级配、产地；

细骨料：粒径、含泥量、产地；

粉煤灰：级别、产地、掺加量；

外加剂：类型、厂家、掺加量；

钢筋：规格、型号、厂家。

同时还应明确上述材料的采购要求，如需用量、质量要求、厂家、进场时间等。

2）混凝土配合比

配合比计算；试验室配合比；大体积混凝土温度应力计算（适用于最小厚度大于1m的基础承台或底板）。

3）机械设备

包括施工所需的主要机械设备，可采用表格形式表示。

4）劳动力投入计划

主要包括各工种操作工人投入计划。

（3）施工方法

施工段划分及浇筑顺序；模板、钢筋、混凝土浇筑、后浇带和施工缝的处理、外墙防水。

（4）养护

1）试块制作和养护；

2）测温：测温方法、测温点布置和测温管埋设、测温时间间隔。

（5）质量要求和措施

1）质量目标

质量目标分解至各分项工程，并落实到责任人。

2）基本要求

明确本工程所依据的规范、验评标准等。

3）保证质量目标的措施

（6）施工进度计划

包括网络图或横道图。

（7）总平面布置图

6. 模板工程施工方案

（1）工程概况

1）工程概况；

2）结构设计要点；

3）结构特殊部位设计；

4）选用模板类型；

5）柱、梁、板、墙、楼梯等模板的支设方案。

（2）模板计算书

1）荷载及荷载组合；荷载计算。

2）模板结构的强度和挠度要求；

3）模板结构构件的计算：模板计算；支撑计算；对拉螺杆计算；支模参数计算。

上述各项中应计算最不利位置和受荷状态下的荷载、模板、内楞、外楞、对拉螺杆及钢管支撑等内容。

（3）施工方法

1）地下室（基础）模板；

2）主体结构模板。

（4）模板工程量表

包括模板的用量、计划配备模板层数、劳动力等。

（5）质量要求和措施

1）模板工程应注意的重点；

2）模板工程质量控制程序；

3）模板质量检验；

4）拆模（拆模时间；拆模方案）。

（6）附图

模板支设示意图。

7. 脚手架搭拆施工方案

（1）工程概况

建筑面积、高度、楼层层高等。

（2）选用的脚手架搭设方式

（3）脚手架搭设材料

脚手架的架体、围护、扣件等材料的规格、数量、质量要求及油漆样式。

（4）脚手架的搭设

包括搭设顺序、搭设的技术要求、连墙杆的设置等。

（5）脚手架的拆除

包括拆除顺序等。

（6）安全措施

（7）悬挑脚手架计算书

（8）附图

包括脚手架布置平面示意图、立面图、节点图。

8. 物料提升机（施工电梯）搭拆施工方案

（1）工程概况

1）工程概况

建筑物高度、楼层层高等。

2）选用的物料提升机数量、型号、规格、安装单位资质（或专业安装人员名单）等。

（2）基础处理

1）地质资料；

2）基础处理（按照说明书的要求对基础进行处理）。

（3）物料提升机安装

（4）提升机附墙设置

（5）附墙设置位置和设置方法（需图示）

（6）提升机的操作使用

（7）维护与保养

（8）附图、附表

包括提升机安装处地质剖面图、提升机平面布置图、提升机基础详图、附墙详图。

9. 屋面工程施工方案

（1）工程概况

屋面形式、屋面防水设计要求等。

（2）防水材料

1）防水材料的选择，主要包括隔气层材料、保温层材料、防水卷材、胶粘剂、水泥砂浆、刚性屋面的混凝土等。

2）防水材料的进场复试，包括防水卷材抽样复试的数量、检验项目和检验方法。

（3）施工资质

主要包括施工队伍的资质和施工人员的资质（需提供证明材料）。

（4）施工要点

（5）验收准则

需明确找平层、保温层、柔性防水层和刚性防水层的验收准则。

（6）质量保证措施

10. 装配式结构及大型构件吊装施工方案

（1）工程概况

1）工程概况

建筑物高度、楼层层高等。

2）构件的数量、外形尺寸、单体质量、安装部位等。

（2）施工准备

1）场地准备；

2）吊装机具准备；

3）人员准备（吊装单位资质或专业吊装人员名单及岗位证书复印件等）。

（3）施工进度计划

（4）施工方案

（5）检验和试验

（6）质量保证措施

（7）安全技术措施

（8）附图

包括构件存放位置、构件移动线路、起重机行走线路、构件吊装平面图及剖面图。

11. 新技术、新工艺应用施工方案

（1）工程概况

1）工程概况

建筑物面积、高度、楼层层高等。

2）新技术、新工艺应用的种类、部位、工程量等。

（2）施工准备

1）技术准备；

2）施工机具准备；

3）人员准备（必要时应有专业人员名单及岗位证书复印件等）。

（3）施工方案

（4）检验和试验方法及标准

（5）质量保证措施

（6）安全技术措施

（7）环境保护措施

当新技术、新工艺应用过程中，有环境污染时，需采取环境保护措施。

（8）附图

12. 查看项目是否需要编制危大工程清单

根据《危险性较大的分部分项工程安全管理规定》（住房城乡建设部令第 37 号）、《住房城乡建设部办公厅关于实施〈危险性较大的分部分项工程安全管理规定〉有关问题的通知》（建办质〔2018〕31 号）文件要求，结合项目招标文件、工程设计文件，正确识别项目危大工程内容，编制危大工程清单，见表 3-17。

### 3.7.9　专项施工方案的计算

1. 施工临时用电计算

（1）施工用电量计算

建筑工地临时用电，包括动力用电与照明用电，在计算用电量的时候，应从以下方面考虑：

1）全工地所用的机械动力设备、其他电气工具及照明用电的数量。

表 3-17

**建筑工程危险性较大的分部分项工程清单**

工程名称：

填报时间：

| 序号 | 危险性较大的分部分项工程范围 | 本工程是否涉及 | 超过一定规模的危险性较大的分部分项工程范围 | 本工程是否涉及 |
|---|---|---|---|---|
| 一 | 基坑支护、降水工程：开挖深度超过3m（含3m）或虽未超过3m但地质条件和周边环境复杂的基坑（槽）支护、降水工程 | | 深基坑工程：深基坑工程中开挖深度超过5m（含5m）的基坑（槽）的土方开挖、支护、降水工程 | |
| 二 | 土方开挖工程：开挖深度超过3m（含3m）的基坑（槽）的土方开挖工程 | | 深基坑工程中开挖深度超过5m（含5m）的基坑（槽）的土方开挖工程 | |
| 三 | 模板工程及支撑体系：<br>（一）各类工具式模板工程：包括滑模、爬模、飞模、隧道模等工程<br>（二）混凝土模板支撑工程：<br>1. 搭设高度5m及以上<br>2. 搭设跨度10m及以上<br>3. 施工总荷载（设计值）10kN/m²及以上<br>4. 集中线荷载（设计值）15kN/m及以上<br>5. 高度大于支撑水平投影宽度且相对独立无联系构件的混凝土模板支撑工程 | | （一）各类工具式模板工程：包括滑模、爬模、飞模、隧道模工程<br>（二）混凝土模板支撑工程：<br>1. 搭设高度8m及以上<br>2. 搭设跨度18m及以上<br>3. 施工总荷载（设计值）15kN/m²及以上<br>4. 集中线荷载（设计值）20kN/m及以上<br>5. 承重支撑体系：用于钢结构安装等满堂支撑体系，承受单点集中荷载7kN及以上 | |
| 四 | 起重吊装及起重机械安装拆卸工程：<br>（一）采用非常规起重设备、方法，且单件起吊重量在10kN及以上的起重吊装工程<br>（二）采用起重机械进行安装的工程<br>（三）起重机械安装和拆卸工程 | | （一）采用非常规起重设备、方法，且单件起吊重量在100kN及以上的起重吊装工程<br>（二）起重量300kN及以上，或搭设总高度200m及以上，或搭设基础标高在200m及以上的起重机械安装和拆卸工程 | |
| 五 | 脚手架工程：<br>（一）搭设高度24m及以上的落地式钢管脚手架工程（包括采光井、电梯井脚手架）<br>（二）附着式升降脚手架工程<br>（三）悬挑式脚手架工程<br>（四）高处作业吊篮<br>（五）卸料平台、操作平台工程<br>（六）异型脚手架工程 | | （一）搭设高度50m及以上的落地式钢管脚手架工程<br>（二）提升高度150m及以上附着式升降脚手架工程或附着式升降操作平台工程<br>（三）分段架体设计高度20m及以上的悬挑式脚手架工程 | |

续表

| 序号 | 危险性较大的分部分项工程范围 | | 本工程是否涉及 | 超过一定规模的危险性较大的分部分项工程范围 | 本工程是否涉及 |
|---|---|---|---|---|---|
| 六 | 其他 | （一）建筑幕墙安装工程 | | （一）施工高度50m及以上的建筑幕墙安装工程 | |
| | | （二）钢结构、网架和索膜结构安装工程 | | （二）跨度36m及以上的钢结构安装工程；或跨度60m及以上的网架和索膜结构安装工程 | |
| | | （三）人工挖孔桩工程 | | （三）开挖深度16m及以上的人工挖孔桩工程 | |
| | | （四）水下作业工程 | | （四）水下作业工程 | |
| | | （五）装配式建筑混凝土预制构件安装工程 | | （五）重量1000kN及以上的大型结构整体顶升、平移、转体等施工工艺 | |
| | | （六）采用新技术、新工艺、新材料、新设备可能影响工程施工安全、尚无国家、行业及地方技术标准的分部分项工程 | | （六）采用新技术、新工艺、新材料、新设备可能影响工程施工安全、尚无国家、行业及地方技术标准的分部分项工程 | |

施工单位意见：

（公章）

年　月　日

监理单位意见：

（公章）

年　月　日

建设单位意见：

（公章）

年　月　日

注：1. 本表一式五份，由建设单位组织、监理单位、施工单位填写并各保留一份；项目办理安全监督手续时监督备案两份。
2. 填写时应根据本工程实际情况，科学合理地分析，按本表如实填写危险性较大的分部分项工程清单。
3. 安全监督部门根据本表清单，对施工进度和专项方案实施监督管理。

2）施工总进度计划中施工高峰阶段同时用电的机械设备最大数量。

3）各种机械设备在工作中需要的情况。

总用电量按公式（3-5）计算：

$$P_{计} = 1.10(K_1 \sum P_1 + K_2 \sum P_2 + K_3 \sum P_3 + K_4 \sum P_4) \quad (3-5)$$

式中　　　　$P_{计}$——计算总用电量，kVA；

$P_1$——电动机额定功率，kW；

$P_2$——电焊机额定功率，kW；

$P_3$——室内照明容量，kW；

$P_4$——室外照明容量，kW；

$K_1$、$K_2$、$K_3$、$K_4$——需要系数，见表3-18。

由于照明用电所占的比例较动力用电量要小很多，所以在估算总用电量时可以简化，在动力用电量之外再加10%作为照明用电量即可。则公式（3-5）可简化为：

$$P_{计} = 1.21(K_1 \sum P_1 + K_2 \sum P_2) \quad (3-6)$$

需要系数 K　　　　　　　　　　　　　　　　　　表 3-18

| 用电名称 | 数量（台） | 需要系数 | | 备注 |
|---|---|---|---|---|
| | | $K$ | 数值 | |
| 电动机 | 3~10 | $K_1$ | 0.7 | 如施工中需要电热时，应将其用电量计算进去，为使计算结果接近实际，式中各项动力和照明用电，应根据不同工作性质分类计算 |
| | 11~30 | | 0.6 | |
| | 30 以上 | | 0.5 | |
| 电焊机 | 3~10 | $K_2$ | 0.6 | |
| | 10 以上 | | 0.5 | |
| 室内照明 | | $K_3$ | 0.8 | |
| 室外照明 | | $K_4$ | 1.0 | |

（2）变压器容量计算

$$P_{变} = \frac{1.05 P_{计}}{\cos\varphi} \quad (3-7)$$

式中　$\cos\varphi$——用电设备的平均功率因素，取 0.75。

（3）配电导线的选择

导线截面的选择要满足以下基本要求：导线必须保证不因一般机械损伤折断。在各种不同敷设方式下，导线按机械强度所允许的最小截面面积见表3-19。

导线按机械强度所允许的最小截面面积　　　　表 3-19

| 导线用途 | | 导线最小截面面积（mm²） | |
|---|---|---|---|
| | | 铜线 | 铝线 |
| 照明装置用导线 | 户内用 | 0.5 | 2.5 |
| | 户外用 | 1.0 | 2.5 |
| 双芯软电线 | 吊灯 | 0.35 | |
| | 移动式生产用设备 | 0.5 | |
| 多芯软电线及电缆 | 移动式生产用设备 | 1.0 | |

续表

| 导线用途 | | 导线最小截面面积（mm²） | |
|---|---|---|---|
| | | 铜线 | 铝线 |
| 绝缘导线，固定架设在户内绝缘支持件上，其间距为 | 2m 以下 | 1.0 | 2.5 |
| | 6m 及以下 | 2.5 | 4 |
| | 25m 及以下 | 4 | 10 |
| 裸导线 | 户内用 | 2.5 | 4 |
| | 户外用 | 6 | 16 |
| 绝缘导线 | 穿在管内 | 1.0 | 2.5 |
| | 设在木槽板内 | 1.0 | 2.5 |
| | 户外沿墙敷设 | 2.5 | 4 |
| | 户外其他方式敷设 | 4 | 10 |

1）按允许电流选择

导线必须能承受负载电流长时间通过所引起的升温。

三相四线制线路上的电流可按下式计算：

① 总配电箱的导线计算：

$$I_{线} = \frac{1000P_{计}}{\sqrt{3} \cdot U_{线} \cdot \cos\varphi} \tag{3-8}$$

② 分配电箱的导线计算：

$$I_{线} = \frac{1000K \sum P}{\sqrt{3} \cdot U_{线} \cdot \cos\varphi} \tag{3-9}$$

③ 开关箱的导线计算：

$$I_{线} = \frac{1000P}{\sqrt{3} \cdot U_{线} \cdot \cos\varphi} \tag{3-10}$$

式中　$I_{线}$——线路中工作电流值，A；

$P_{计}$——总用电量，kVA；

$P$——分配箱所带用电设备功率，kW；

$U_{线}$——线路工作电压值，三相四线制为 380V；

$K$——取 0.75；

$\cos\varphi$——电动机的平均功率因素，取 0.75。

二相线路上的电流可按公式（3-11）计算：

$$I_{线} = \frac{P}{U_{线} \cos\varphi} \tag{3-11}$$

根据公式（3-7）～公式（3-11）的计算结果，依据表 3-20 选择导线线径。

**常用配电导线持续允许电流表（A）**　　　　表 3-20

| 导线标称截面面积（mm²） | 裸线 | | 橡皮或塑料绝缘线（单芯 5000V） | | | |
|---|---|---|---|---|---|---|
| | TJ 型（铜线） | LJ 型（铝线） | BX 型（铜芯橡皮线） | BLX 型（铝芯橡皮线） | BV 型（铜芯塑料线） | BLV 型（铝芯塑料线） |
| 2.5 | — | — | 35 | 27 | 32 | 25 |

续表

| 导线标称截面<br>面积（mm²） | 裸线 | | 橡皮或塑料绝缘线（单芯5000V） | | | |
|---|---|---|---|---|---|---|
| | TJ型（铜线） | LJ型（铝线） | BX型（铜芯<br>橡皮线） | BLX型（铝芯<br>橡皮线） | BV型（铜芯<br>塑料线） | BLV型（铝芯<br>塑料线） |
| 4 | — | — | 45 | 35 | 42 | 32 |
| 6 | — | — | 58 | 45 | 55 | 42 |
| 10 | — | — | 85 | 65 | 75 | 59 |
| 16 | 130 | 105 | 110 | 85 | 105 | 80 |
| 25 | 180 | 135 | 145 | 110 | 138 | 105 |
| 35 | 220 | 170 | 180 | 138 | 170 | 130 |
| 50 | 270 | 215 | 230 | 175 | 215 | 165 |
| 70 | 340 | 265 | 285 | 220 | 265 | 205 |
| 95 | 415 | 325 | 345 | 265 | 325 | 250 |
| 120 | 485 | 375 | 400 | 310 | 375 | 285 |
| 150 | 570 | 440 | 470 | 360 | 430 | 325 |
| 185 | 645 | 500 | 540 | 420 | 490 | 380 |
| 240 | 770 | 610 | 660 | 510 | — | — |

2）按允许电压降选择

导线上引起的电压降必须在一定限度之内，配电导线的截面面积可用公式（3-12）计算：

$$S = \frac{\sum P \cdot L}{C\varepsilon} \tag{3-12}$$

式中　$S$——导线截面面积，mm²；

　　　$P$——用电设备功率，kW；

　　　$L$——用电设备至配电箱的距离；

　　　$\varepsilon$——允许的相对电压降（即线路电压损失），临时用电网路采用7%；

　　　$C$——材料内部系数，铜线为77，铝线为46.3。

所选用的导线截面面积应同时满足以上三项要求，即以求得的三个截面面积中的最大值为准，从电线产品目录中选用线芯截面面积，也可根据具体情况进行选择。一般在道路工地和排水工地作业线较长，导线截面面积根据电压降选定；在建筑工地配电线路比较短，导线截面面积可根据容许电压选定，在小负荷的架空线路中往往根据机械强度选定。

计算用电量时通常采用"逆向"计算方法，即先计算开关箱的用电量及线径，再计算分配电箱，最后计算总配电箱和变压器用电量。

2. 塔式起重机基础计算

（1）天然基础

塔式起重机在安装完毕后，其下地基即承受塔式起重机基础传来的上部荷载，一是竖向荷载，包括塔式起重机重量 $F$ 和基础重量 $G$；二是弯矩 $M$，主要是风荷载和塔式起重机附加荷载产生的弯矩。

塔式起重机基础受力（天然地基），可简化成偏心受压的力学模型（图3-42），此时，基础边缘的接触压力最大值和最小值分别按下式计算：

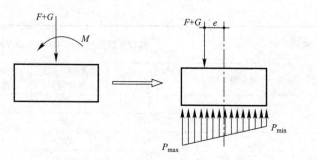

图 3-42 塔式起重机基础受力简图（天然地基）

$$P_{\max} = \frac{F+G}{b^2}\left(1+\frac{6e}{b}\right) \tag{3-13}$$

$$P_{\min} = \frac{F+G}{b^2}\left(1+\frac{6e}{b^2}\right) \tag{3-14}$$

式中　$F$——塔式起重机工作状态的重量，kN；

　　　$G$——基础自重，kN；$G=b^2 \times h \times \rho$；

$b$、$h$——基础边长、厚度，m；

　　　$\rho$——基础重力密度，取 25kN/m³；

　　　$e$——偏心距，m；$e=M/(F+G)$；

　　　$M$——塔式起重机非工作状态下的倾覆力矩。

若计算出的 $P_{\min}<0$，则基底出现拉力，由于基底和地基之间不能承受拉力，此时基底接触压力将重新分布。这时应按公式（3-15）重新计算 $P_{\max}$：

$$P_{\max} = \frac{2(F+G)}{3b\left(\dfrac{b}{2}-e\right)} \tag{3-15}$$

$F$、$M$ 可由塔式起重机说明书给出，将计算得出的最大接触压力 $P_{\max}$ 和地质资料中给出的地基承载力标准值进行对比，若小于地基的承载力标准值即可满足要求。

（2）桩基础

对于有桩基础的塔式起重机，必须验算桩基础的承载力。根据计算分析，在非工作状态下，塔式起重机大臂垂直于基础面对角线时最危险。当以对角两根桩的连线为轴（图 3-43），产生倾覆力矩时，将由单桩受力，此时桩的受力为最不利情况。

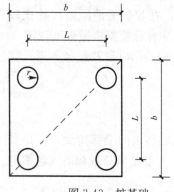

图 3-43　桩基础

1）受力简图

见图 3-44。

2）荷载计算

当只受到倾覆力矩时：

$$P_{11} = \frac{\sqrt{2}M}{2L}, \quad P_{21} = \frac{\sqrt{2}M}{2L} \tag{3-16}$$

当只受到基础承台及塔式起重机重力时：

$$P_{12} = P_{22} = \frac{F+G}{4} \tag{3-17}$$

3）单桩荷载最不利情况

$$P_1 = P_{11} + P_{12} = \frac{\sqrt{2}M}{2L} + \frac{F+G}{4} \tag{3-18}$$

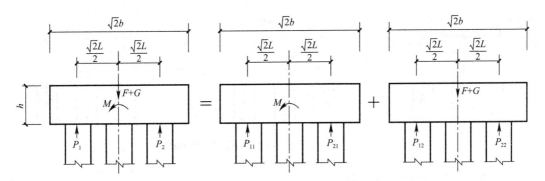

图 3-44 塔式起重机基础受力简图（桩基础）

4）单桩最小荷载

$$P_2 = P_{22} + P_{21} = \frac{F+G}{4} - \frac{\sqrt{2}M}{2L} \tag{3-19}$$

若计算出的 $P_2 < 0$，则桩将受到拉力，拉力为 $|P_2|$。

式中 $L$——桩的中心距。

5）单桩承载力

单桩的受压承载力由桩侧摩阻力共同承担时，单桩受压承载力为：

$$R_{K1} = q_p A_P + U_P \sum q_{Si} L_i \tag{3-20}$$

单桩的抗拔承载力由桩侧摩阻力承担时，单桩抗拔力为：

$$R_{K2} = U_P \sum q_{Si} L_i \tag{3-21}$$

式中 $q_p$——桩端承载力标准值，kPa；

$\quad\quad A_P$——桩身横截面面积，$m^2$；

$\quad\quad U_P$——桩身的周长，m；

$\quad\quad q_{Si}$——桩身第 $i$ 层土的摩阻力标准值，kPa；

$\quad\quad L_i$——按土层划分的各段桩长，m。

将计算所得的 $P_1$ 和 $R_{K1}$ 相比较，$|P_2|$ 和 $R_{K2}$ 相比较，若 $P_1 < R_{K1}$ 且 $|P_2| < R_{K2}$ 则可满足要求。

（3）桩基加格构式钢柱

塔式起重机基础采用 4 根钻孔灌注桩，不做整体式钢筋混凝土基础，灌注桩中预埋格构式钢柱，格构式钢柱穿过地下室底板，塔式起重机标准节直接与格构式钢柱连接。

1）基础简图，见图 3-45。

2）产生倾覆力矩时的受力简图，见图 3-46。

3）单桩荷载最不利情况：

$$P_1 = \frac{\sqrt{2}M}{2L} + \frac{F}{4}(\text{kN}) \tag{3-22}$$

4）单桩最小荷载：

$$P_2 = \frac{F}{4} - \frac{\sqrt{2}M}{2L}(\text{kN}) \tag{3-23}$$

图 3-45 桩基础

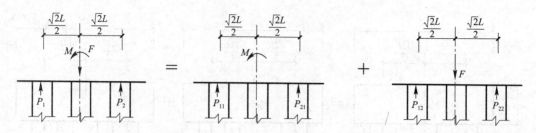

图 3-46  塔式起重机基础受力简图（桩基础）

5）单桩承载力与抗拔力计算：

见公式（3-20）、公式（3-21）。

6）格构式钢柱计算：

格构式钢柱构造，见图 3-47。

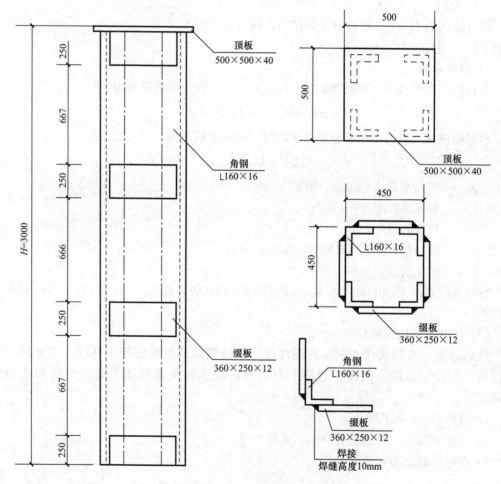

图 3-47  格构式钢柱构造

7）强度计算：

$L 160 \times 16$ 角钢的截面特性：

$A_0 = 49.067 \text{cm}^2$；$y_0 = 4.55 \text{cm}$；$I_x = I_y = 1175.08 \text{cm}^4$；$W_x = 102.63 \text{cm}^3$；

$i_{\min} = 3.14$cm；$I_{\min} = 484.59$cm$^4$；$N = P_1 = 944$kN。

$$A = 4 \times A_0 = 4 \times 49.067 = 196.268\text{cm}^2$$

$$Q = \frac{N}{A} = \frac{944 \times 10^3}{196.268 \times 10^2} = 48.1\text{N/mm}^2 < f = 205\text{N/mm}^2$$

满足要求。

8）缀板高度计算：

高度 $d \geqslant 2a/3$，$a = b - 2y_0 = 450 - 2 \times 45.5 = 359$mm，则 $d = 359 \times 2/3 = 239$mm。

取 $d = 250$mm，则缀板尺寸为 360mm×250mm。

9）缀板厚度计算：

厚度 $t \geqslant a/40$，则 $t \geqslant 11.25$mm。

取 $t = 12$mm。

10）缀板间距计算：

$$L_0 = (H - 4d)/3 = (3000 - 4 \times 250)/3 = 667\text{mm}$$

缀板轴线间距 $L = L_0 + d = 667 + 250 = 917$mm。

11）缀板强度计算：

① 轴线受压构件的剪力计算

$$v = \frac{Af}{85}\sqrt{\frac{f_y}{234}} = \frac{4 \times 49.067 \times 10^2 \times 205}{85}\sqrt{\frac{235}{234}} = 47.44\text{kN}$$

式中　$A$——构件的毛截面面积，mm$^2$；

　　　$f$——钢材的抗拉、抗压、抗弯强度设计值，$f = 205$N/mm$^2$；

　　　$f_y$——钢材的屈服强度，$f_y = 235$N/mm$^2$。

② 每一个缀板所受的剪力

格构式构件的剪力由承受该剪力的缀材面分担，每一个缀板所受的剪力 $T = V/2 = 23.72$kN。

③ 缀板的截面抵抗矩

$$W = \frac{1}{6}bh^2 = \frac{1}{6} \times 12 \times 250^2 = 125000\text{mm}^3$$

④ 每一个缀板所受的弯矩

$$M = T \times L = 23.72 \times 0.917 = 21.75\text{kN·m}$$

⑤ 缀板强度

$$Q = \frac{M}{W} = \frac{21.75 \times 10^6}{125000} = 174\text{N/mm}^2 < f = 205\text{N/mm}^2$$

满足要求。

12）缀板焊缝连接计算：

① 每一个缀板所受的剪力

$$T = 23.72\text{kN}$$

② 当力垂直于焊缝方向时的应力计算

$$Q_f = \frac{T}{h_e L_w} = \frac{23.72 \times 10^3}{0.7 \times 10 \times 240} = 14.1\text{N/mm}^2 < \beta_f f_f^w = 1.22 \times 160\text{N/mm}^2$$

式中　$h_e$——角焊缝的有效厚度，$h_e = 0.7h_f$；

$h_f$——角焊缝的厚度；

$L_w$——角焊缝的计算长度，$L_w=d-10=250-10=240\mathrm{mm}$；

$\beta_f$——正面角焊缝强度设计值的增大系数，承受静力荷载时 $\beta_f=1.22$；

$f_f^w$——角焊缝的抗拉、抗压和抗剪强度设计值，$f_f^w=160\mathrm{N/mm^2}$。

③ 构件的轴向压力

格构式钢柱顶板为刚性体，轴向压力 $p_1=944\mathrm{kN}$。

则：每个构件的轴向压力为 $N=p_1/4=236\mathrm{kN}$。

④ 当力平行于焊缝方向时的应力计算

$$\tau_f=\frac{N}{h_eL_w}=\frac{236\times10^3}{0.7\times10\times240}=140.5\mathrm{N/mm^2}<f_f^w=160\mathrm{N/mm^2}$$

⑤ 各种综合力作用下的应力计算

$$\sqrt{\left(\frac{Q_i}{\beta_f}\right)+\tau_f^2}=\sqrt{\left(\frac{14.1}{1.22}\right)^2+140.5^2}=141\mathrm{N/mm^2}<f_f^w=160\mathrm{N/mm^2}$$

（4）格构式钢柱整体稳定性计算

① 格构式钢柱的最小惯性矩

$$I_{min}=4\left[I_x+A_o\left(\frac{b}{2}-y_0\right)^2\right]=4\times\left[1175.08+49.067\times\left(\frac{45}{2}-4.55\right)^2\right]=67938\mathrm{cm^2}$$

$$\lambda=\frac{L}{\sqrt{I_{min}/4A_0}}=\frac{91.7}{\sqrt{67938/(4\times49.067)}}=\frac{91.7}{18.6}=4.93$$

② 格构式钢柱的换算长细比

$$\lambda_H=\sqrt{\lambda^2+\frac{40A}{A_1}}=\sqrt{4.93^2+\frac{40\times196.268}{2\times1.2\times45}}=\sqrt{24.3+72.7}=9.85$$

式中 $A$——格构式钢柱横截面的毛截面面积，$\mathrm{cm^2}$；

$A_1$——格构式钢柱横截面垂直于 $x$-$x$ 轴（或 $y$-$y$ 轴）平面内缀板的毛截面面积之和，$\mathrm{cm^2}$。

③ 整体稳定性

当 $\lambda=9.85$ 时，b 类截面轴心受压的稳定系数 $\varphi=0.936$，则：

$$\sigma=\frac{N}{\phi A_0}=\frac{236\times10^3}{0.936\times49.067\times10^2}=51.4\mathrm{N/mm^2}<f=205\mathrm{N/mm^2}$$

满足要求。

（5）格构式钢柱顶板计算

① 顶板的截面抵抗矩

顶板的厚度取 40mm，则有：

$$W=\frac{1}{6}bh^2=\frac{1}{6}\times450\times40^2=120000\mathrm{mm^3}$$

② 顶板的弯矩

顶板按四边简支板计算，则：

$$M=K_M qb^2=0.0368\times\frac{944}{0.45}\times0.45^2=15.63\mathrm{kN\cdot m}$$

式中 $K_M$——弯矩系数，板的长宽相等时 $K_M=K_xK_y=0.0368$。

③ 顶板强度

$$\sigma = \frac{M}{W} = \frac{15.63 \times 10^6}{120000} = 130.3 \text{N/mm}^2 < f = 205 \text{N/mm}^2$$

满足要求。

3. 悬挑脚手架计算

（1）计算依据

1）《建筑施工扣件式钢管脚手架安全技术规范》JGJ 130—2011；

2）《建筑结构荷载规范》GB 50009—2012；

3）《建筑施工手册》（第五版）。

注：本书中案例计算依据为当时的规范，请读者注意，计算或编写应以最新规范为准，全书同。

（2）荷载计算

1）验算脚手架的整体稳定性时，一般可以不考虑作业层施工荷载分布的不均匀性，即按平均分配作用于内立杆和外立杆上，表 3-21～表 3-24 为一根立杆的计算基数。局部荷载显著增大或构件尺寸显著改变而需要验算单肢杆件的稳定性时，则必须采用其实际分布的荷载值。

2）恒荷载标准值 $G_K$ 的计算。

验算脚手架整体或单肢稳定性时的各项荷载均按脚手架立杆的承担值进行计算。恒荷载标准值 $G_K$ 由构架基本结构杆部件的自重 $G_{K1}$、作业层表面材料的自重 $G_{K2}$ 和外立面整体拉结杆件和防护材料的自重 $G_{K3}$ 组成，即：

$$G_K = G_{K1} + G_{K2} + G_{K3} \tag{3-24}$$

且

$$G_K = H_i g_{K1} + n_1 L_a g_{K2} + H_i g_{K3} \tag{3-25}$$

则

$$G_K = H_i(g_{K1} + g_{K3}) + n_1 L_a g_{K2} \tag{3-26}$$

式中　$H_i$——立杆计算截面以上的架高，m；

　　　$g_{K1}$——以每米架高计的构架基本结构杆部件的自重计算基数；

　　　$g_{K2}$——以每米立杆纵距（$L_a$）计的作业层表面材料的自重计算基数；

　　　$g_{K3}$——以每米架高计的外立面整体拉结杆件和防护材料的自重计算基数；

　　　$n_1$——同时存在的作业层设置数。

3）脚手架施工荷载标准值 $Q_k$ 的计算。

$$Q_k = n_2 L_a q_k \tag{3-27}$$

式中　$n_2$——同时施工的作业层数，结构施工时取 2，装修施工时取 3；

　　　$q_k$——以每米立杆纵距（$L_a$）计的作业层施工荷载标准值的计算基数。

扣件式钢管脚手架的计算基数见表 3-21～表 3-24。

**扣件式钢管脚手架的 $g_{K1}$ 值**　　　　　　　　　　　　　表 3-21

| 步距 $h$（m） | 立杆横距 $L_a$（m） | $g_{K1}$（kN/m），当 $L_a$（m）为 | | | | | |
|---|---|---|---|---|---|---|---|
| | | 0.6 | 0.9 | 1.2 | 1.5 | 1.8 | 2.1 |
| 1.8 | 0.9 | 0.0851 | 0.0920 | 0.0989 | 0.1058 | 0.1127 | 0.1196 |
| | 1.2 | 0.0883 | 0.0951 | 0.1020 | 0.1089 | 0.1158 | 0.1227 |
| | 1.5 | 0.0914 | 0.0983 | 0.1052 | 0.1121 | 0.1189 | 0.1258 |
| | 1.8 | 0.0945 | 0.1014 | 0.1083 | 0.1152 | 0.1221 | 0.1290 |

**作业层表面材料自重计算基数 $g_{K2}$ 值**　　　　　　表 3-22

| 脚手架类别 | 脚手架种类 | 板底支承间距（m） | 拦护设置 | $g_{K2}$（kN/m），当立杆横距 $L_b$（m）为 | | | |
|---|---|---|---|---|---|---|---|
| | | | | 0.9 | 1.2 | 1.5 | 1.8 |
| 扣件式钢管脚手架 | 竹串片 | 0.75 | 有 | 0.3587 | 0.4112 | 0.4637 | 0.5162 |

**整体拉结杆件和防护材料自重计算基数 $g_{K3}$ 值**　　　　　　表 3-23

| 脚手架类别 | 整体拉结杆件设置情况 | 围护材料 | 封闭类型 | $g_{K3}$（kN/m²），当 $L_a$（m）为 | | | |
|---|---|---|---|---|---|---|---|
| | | | | 1.2 | 1.5 | 1.8 | 2.1 |
| 扣件式钢管脚手架 | 剪刀撑，增加一道横杆封闭材料 | 安全网、塑料编织布 | 全 | 0.0614 | 0.0768 | 0.0922 | 0.1075 |

注：$g_{K3}$ 计算按满高连续设置于脚手架外立面上的整体拉结杆件（剪刀撑、斜杆、水平加强杆）和封闭杆件材料的自重。

**作业层施工荷载标准值的计算基数 $q_k$ 值**　　　　　　表 3-24

| 序号 | 实用施工荷载标准值（kN/m） | $q_k$（kN/m），当立杆横距 $L_b$（m）为 | | | |
|---|---|---|---|---|---|
| | | 0.9 | 1.2 | 1.5 | 1.8 |
| 1 | 3 | 1.335 | 1.8 | 2.25 | 2.7 |
| 2 | 2 | 0.9 | 1.2 | 1.5 | 1.8 |
| 3 | 1 | 0.45 | 0.6 | 0.75 | 0.9 |
| 4 | $q_0$ | $0.45\,q_0$ | $0.6\,q_0$ | $0.75\,q_0$ | $0.9\,q_0$ |

4）荷载组合。

$$P = 1.2G_K + 1.4Q_K \qquad (3-28)$$

（3）杆件悬挑

1）已知条件

挑架立杆横向间距 $L_b$、纵向间距 $L_a$、内立杆与墙体间距 $a$、高度 $H$、步距 $h$、同时施工层数 $n_1$、预选悬挑杆规格型号。

2）验算内容

悬挑杆的抗弯、抗剪强度、挠度、预埋钢筋强度验算。计算简图见图 3-48。

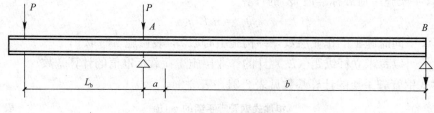

图 3-48　悬挑杆计算简图

① 验算悬挑杆的抗弯刚度

$$M_A = P(L_b + 2a) \qquad (3-29)$$

$$\sigma_A = \frac{M_A}{W} \qquad (3-30)$$

若 $\sigma_A \leqslant [\sigma]$，则抗弯刚度满足要求。

式中 $M_A$——A 点的弯矩；

$\quad$ $W$——悬挑杆的截面模量；

$\quad$ [$\sigma$]——悬挑杆的容许应力。

② 验算悬挑杆的抗剪刚度

$$\tau = \frac{Q_A S}{I t_w} = \frac{2PS}{I t_w} \quad (3\text{-}31)$$

若 $\tau \leqslant [\tau]$，则抗剪刚度满足要求。

式中 $Q_A$——A 点的剪力，N；

$\quad$ $S$——悬挑杆半截面的面积矩，$mm^2$；

$\quad$ $I$——悬挑杆的惯性矩，$mm^4$；

$\quad$ $t_w$——悬挑杆腹板的厚度，mm；

$\quad$ [$\tau$]——悬挑杆容许剪应力。

③ 验算悬挑杆的挠度

$$f = \frac{P(L_a + 2a)}{3EI} + \frac{Pa^3}{3EI} + \frac{Pa^2 L_a}{2EI} \quad (3\text{-}32)$$

若 $f \leqslant [f]$，则悬挑杆的挠度验算合格。

式中 $E$——悬挑杆的弹性模量，$N/mm^2$；

$\quad$ [$f$]——悬挑杆的容许挠度，取值为 $(L_b + a)/200$。

④ 验算预埋钢筋强度

$$T_B = \frac{P(L_b + 2a)}{b} \quad (3\text{-}33)$$

则拉应力：

$$\sigma_T = T_B/2A_S = T_B/(2 \times 1/4 \pi d^2) = T_B/(0.5\pi d^2) \quad (3\text{-}34)$$

若 $\sigma_T \leqslant [\sigma_T]$，则预埋钢筋强度验算合格。

式中 $T_B$——作用于预埋钢筋上的轴向抗拔力，N；

$\quad$ $A_S$——预埋钢筋截面面积，$mm^2$；

$\quad$ $d$——预埋钢筋直径，mm；

$\quad$ [$\sigma_T$]——预埋钢筋设计强度，HPB300 级钢为 $210N/mm^2$，HRB335 级钢为 $310N/mm^2$。

⑤ 预埋钢筋锚固力（抗拔力）计算

$$T_B = \pi \times d \times h \times [\tau_B] \quad (3\text{-}35)$$

$$h \geqslant \frac{T_B}{\pi \times d \times [\tau_B]} \quad (3\text{-}36)$$

式中 $d$——预埋钢筋直径，mm；

$\quad$ [$\tau_B$]——混凝土与预埋钢筋表面的容许粘结强度，取 $1.5 \sim 2.5 N/mm^2$；

$\quad$ $h$——预埋钢筋的锚固深度，mm，同时满足 $20d \sim 30d$ 要求。

（4）悬挑杆加钢丝绳斜拉

1）已知条件

挑架立杆横向间距 $L_b$、纵向间距 $L_a$、内立杆与墙体间距 $a$、高度 $H$、步距 $h$、同时施工层数 $n_1$、预选悬挑杆规格型号。

2）计算内容

悬挑杆的抗弯、抗剪强度，挠度，预埋钢筋强度，钢丝绳，吊耳，预埋件验算。计算简图见图 3-49。

① 验算悬挑杆的抗弯刚度

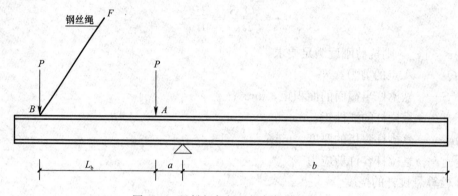

图 3-49　悬挑杆加钢丝绳斜拉计算简图

$$M_{max} = P\frac{L_b a}{(L_b + a)}(\text{kN} \cdot \text{m}) \tag{3-37}$$

$$\sigma_a = \frac{M_{max}}{W_x} < [\sigma] = 205\text{N/mm}^2 \tag{3-38}$$

② 验算悬挑杆的抗剪刚度

$$V_{max} = \frac{PL_a}{L_b + a} \tag{3-39}$$

$$\tau = \frac{Q_A S_{XT}}{I_X t_w} = \frac{V_{max} S_{XT}}{I_X \tau_w} < [\tau] = 100\text{N/mm}^2 \tag{3-40}$$

③ 验算工字钢的挠度

$$f = \frac{Pb}{9EI_x L}\sqrt{\frac{(a^2 + 2ab)^3}{3}} < [f] = \frac{L}{250} \tag{3-41}$$

④ 验算钢丝绳强度（图 3-50）

钢丝绳斜拉度为 $\beta$，则：

$$F_B = P + \frac{P_a}{L_b + a} \tag{3-42}$$

$$F = F_B \div \cos\beta \tag{3-43}$$

$$S_b = aP_g \tag{3-44}$$

$$S = \frac{S_b}{K_1} \tag{3-45}$$

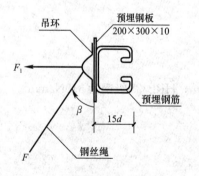

图 3-50　钢丝绳受力简图

当 $F \leqslant S$ 时，满足要求。

式中　$S_b$——钢丝绳破断拉力，kN；

　　　$S$——钢丝绳的容许拉应力，kN；

　　$P_g$——钢丝绳破断拉力总和，kN；

　　$a$——荷载不均衡系数，$a = 0.85$；

　　$K_1$——钢丝绳使用安全系数，$K_1 = 10$。

⑤ 上部预埋铁件计算

$$F_j = F \cdot \sin\beta \tag{3-46}$$

$$K_3 F_1 \leqslant \frac{A_s f_{st}}{\sin\beta + \cos\beta/(U_1 U_2)} \tag{3-47}$$

式中  $F_j$——作用于预埋铁件上的拉力，N；

　　$F$——外力，N；

　　$\beta$——外力 $F$ 与预埋铁件轴线的夹角；

　　$A_s$——总锚筋断面面积，$mm^2$；

　　$U_1$——系数，$\beta=45°$时，$U_1=0.8$；

　　$U_2$——摩擦系数，$U_2=1$；

　　$f_{st}$——锚筋抗拉强度设计值，$f_{st}=205N/mm^2$；

　　$K_3$——抗拉剪强度设计安全系数，$K_3=1.6$。

⑥ 吊环选用计算

$$\sigma = \frac{F}{n \times A} \leqslant [\sigma] = 50N/m^2 \tag{3-48}$$

式中  $\sigma$——吊环的拉应力，$N/mm^2$；

　　$F$——作用于吊环上的拉力，N；

　　$n$——吊环的截面个数，一个吊环时为 2；

　　$A$——一个吊环的截面面积，$mm^2$。

⑦ 吊环焊缝强度计算

$$\sigma = \frac{F}{L_W \times t} \leqslant f_t^W = 160N/mm^2 \tag{3-49}$$

式中  $\sigma$——焊缝强度，$N/mm^2$；

　　$F$——作用于吊环上的拉力，N；

　　$L_W$——焊缝的计算强度，mm；

　　$t$——连接件的较小厚度，mm；16 号槽钢为 8.5mm；

　　$f_t^W$——角焊缝的抗拉强度设计值，取 $160N/mm^2$。

## 3.7.10 模板及支模架计算书

1. 荷载及荷载组合

（1）荷载

计算模板及支架的荷载，分为荷载标准值和荷载设计值，后者是由荷载标准值乘以相应的荷载分项系数得出的。

1）荷载标准值

模板工程的荷载标准值包括新浇混凝土自重、施工人员及设备荷载、振捣混凝土时产生的荷载和倾倒混凝土时产生的荷载，对柱、梁、墙等构件，还应考虑新浇混凝土对模板侧面的压力。

① 新浇混凝土自重标准值

对于普通钢筋混凝土，采用 $26kN/m^3$，对于其他混凝土，可根据实际重力密度确定。

② 施工人员及设备荷载标准值（表 3-25）

施工人员及设备荷载标准值 表 3-25

| 计算项目 | 均布荷载（kN/m²） |
|---|---|
| 模板及小楞 | 2.5 |
| 立杆 | 1.5 |
| 立杆支架 | 1.0 |

③ 振捣混凝土时产生的荷载标准值（表 3-26）

振捣混凝土时产生的荷载标准值 表 3-26

| 计算项目 | 均布荷载（kN/m²） |
|---|---|
| 板、梁（底面） | 2.0 |
| 柱、墙、梁（侧面） | 4.0 |

④ 新浇混凝土对模板侧面的压力标准值（图 3-51）

采用内部振动棒时，可按公式（3-50）、公式（3-51）计算，并取其较小值：

$$F = 0.22 y_c t_0 \beta_1 \beta_2 v^{\frac{1}{2}} \qquad (3-50)$$

$$F = y_c H \qquad (3-51)$$

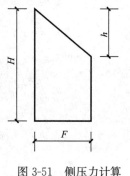

图 3-51 侧压力计算
分布图

式中  $F$——新浇混凝土对模板的最大侧压力，kN/m²；

$y_c$——混凝土的重力密度，kN/m³；

$t_0$——新浇混凝土的初凝时间，h，可按实际确定；缺乏试验资料时，可采用 $t_0=200/(T+15)$ 计算，$T$ 为混凝土的温度，℃；

$v$——混凝土的浇筑速度，一般取 2m/h；

$H$——混凝土侧压力计算位置处至新浇混凝土顶面的总高度，m；

$\beta_1$——外加剂影响修正系数，不掺外加剂时取 1.0；掺具有缓凝作用的外加剂时取 1.2；

$\beta_2$——混凝土坍落度影响修正系数，当坍落度小于 30mm 时，取 0.85；坍落度为 50～90mm 时，取 1.0；坍落度为 110～150mm 时，取 1.15。

⑤ 倾倒混凝土时产生的荷载（表 3-27）

倾倒混凝土时产生的荷载 表 3-27

| 向模板内供料方法 | 水平荷载（kN/m²） |
|---|---|
| 溜槽、串筒或导管 | 2 |
| 容积小于 0.2m³ 的运输器具 | 2 |
| 容积为 0.2～0.8m³ 的运输器具 | 4 |
| 容积大于 0.8m³ 的运输器具 | 6 |

2）荷载设计值

荷载设计值为荷载标准值乘以相应的荷载分项系数，表 3-28 是荷载分项系数。

荷载分项系数                                      表 3-28

| 序号 | 荷载类别 | 类别 | 分项系数 | 编号 |
|---|---|---|---|---|
| 1 | 新浇混凝土自重 | 恒载 | 1.2 | A |
| 2 | 施工人员及设备荷载 | 活载 | 1.4 | B |
| 3 | 振捣混凝土时产生的荷载 | 活载 | 1.4 | C |
| 4 | 新浇混凝土对模板侧面的压力 | 恒载 | 1.2 | D |
| 5 | 倾倒混凝土时产生的荷载 | 活载 | 1.4 | E |

（2）荷载组合（表 3-29）

荷载组合                                      表 3-29

| 项次 | 项目 | 荷载组合 | |
|---|---|---|---|
| | | 计算承载能力 | 验算刚度 |
| 1 | 平板及其支架 | A+B+C | A+B |
| 2 | 梁底板及其支架 | A+B+C | A+B |
| 3 | 梁、柱（边长≤300mm）、墙（厚度≤100mm）的侧面模板 | C+D | D |
| 4 | 大体积结构梁、柱（边长＞300mm）、墙（厚度＞100mm）的侧面模板 | D+E | D |

2. 模板结构的应力和挠度要求

目前施工现场的模板和大小楞以木模板为主，支架多采用钢管架。其允许应力和允许挠度应满足表 3-30 的要求。

模板允许应力和允许挠度                                      表 3-30

| 模板类型 | 允许应力 $[\sigma]$ (N/mm$^2$) | 允许挠度 $[f]$ (mm) |
|---|---|---|
| 结构表面外露（不装修）的木模板 | 13 | $L_0/400$ |
| 结构表面不外露（装修）的木模板 | 13 | $L_0/250$ |
| 钢管支架 | 170 | — |

注：$L_0$ 为模板的计算长度。

3. 模板结构构件的计算理论

（1）模板计算

模板结构中的面板、大小楞等均属于受弯构件，而支架为受压构件，可按简支梁或连续梁计算。当模板构件的跨度超过三跨时，可按三跨连续梁计算（图 3-52）。计算时，假定常

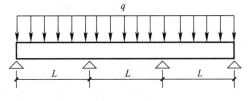

图 3-52　模板计算简图

规构件的惯性矩沿跨长恒定不变；支座是刚性的，不发生沉陷；受荷跨的荷载情况都相同，并同时产生作用。

则剪力为：
$$V = 0.6qL^2 \tag{3-52}$$

弯矩为：
$$M = \frac{1}{10}qL^2 \tag{3-53}$$

应力为：
$$\sigma = \frac{M}{W} \tag{3-54}$$

挠度为：
$$f = \frac{qL^4}{150EI} \tag{3-55}$$

式中 $E$——模板的弹性模量，对木材取 $(9\sim10)\times10^3\,\mathrm{N/mm^2}$；

$\qquad W$——模板的抵抗矩，对矩形截面 $W=\dfrac{1}{6}bh^2$；

$\qquad I$——模板的惯性矩，对矩形截面 $I=\dfrac{1}{12}bh^3$。

（2）支撑计算

钢管支撑主要承受模板或木楞传来的竖向荷载，一般按两端铰接的轴心受力压杆进行验算。

1）模板支架立杆的轴向力设计值

$$N=1.2\sum N_{\mathrm{GK}}+1.4\sum N_{\mathrm{QK}} \tag{3-56}$$

式中 $\sum N_{\mathrm{GK}}$——模板及支架、新浇混凝土与钢筋自重标准值产生的轴向力总和；

$\qquad \sum N_{\mathrm{QK}}$——施工人员及施工设备荷载标准值、振捣混凝土时产生的荷载标准值产生的轴向力总和。

2）模板支架立杆的长度计算

$$L_0=h+2a \tag{3-57}$$

式中 $h$——支架立杆步距；

$\qquad a$——立杆伸出顶层横向水平杆中心线至模板支撑点的长度。

3）模板支架立杆的稳定性

$$\sigma=\frac{N}{\varphi A_{\mathrm{s}}}<[\sigma] \tag{3-58}$$

式中 $\varphi$——轴心受压杆件稳定性系数，由杆件长细比 $\lambda$ 查表确定。

$\lambda=L_0/i$，对于 $\phi48$ 钢管，$i=1.58d_{\mathrm{m}}$。

当 $\lambda>250$ 时，$\varphi=\dfrac{7320}{\lambda^2}$。

（3）对拉螺杆计算

柱和墙模板在支模时通常要设对拉螺杆，对拉螺杆的间距按公式（3-59）计算。

$$d=\sqrt{\frac{A_{\mathrm{s}}[\sigma]}{q}} \tag{3-59}$$

式中 $A_{\mathrm{s}}$——对拉螺杆截面面积，$\mathrm{mm^2}$；

$\qquad [\sigma]$——对拉螺杆容许拉应力，Ⅰ级钢取 $205\,\mathrm{N/mm^2}$，Ⅱ级钢取 $310\,\mathrm{N/mm^2}$；

$\qquad q$——模板侧压力，$\mathrm{N/mm^2}$。

4. 常用支模参数（表 3-31）

常用支模参数　　　　　　　　　　　　　　　　　表 3-31

| 项目 | 截面尺寸（mm） | 模板最小厚度（mm） | 楞条最大间距（mm） | 支撑最大间距（mm） |
|---|---|---|---|---|
| 板 | 厚 120 | 12 | 400 | 1800 |
| | | 18 | 600 | 1800 |
| | 厚 200 | 12 | 350 | 1500 |
| | | 18 | 500 | 1500 |

| 项目 | 截面尺寸（mm） | 模板最小厚度（mm） | 楞条最大间距（mm） | 支撑最大间距（mm） |
|---|---|---|---|---|
| 梁 | 250×400 | 30 | 900 | 1800 |
| | 250×600 | | 800 | 1600 |
| | 250×800 | | 800 | 1500 |
| | 300×800 | | 800 | 1200 |
| | 300×1000 | | 800 | 1000 |
| | 400×1000 | 30 | 800 | 1200 |
| | 500×800 | | 800 | 1200 |
| | 500×1000 | | 700 | 1200 |
| | 500×1200 | | 650 | 1200 |
| | 500×1500 | | 600 | 1000 |
| | 500×1800 | | 600 | 800 |
| | 500×2000 | | 600 | 700 |
| | 500×2400 | | 600 | 600 |
| 柱 | | 18(竖向木楞 60×80@250) | 柱箍间距 1200 | 对拉螺栓间距 500（φ12）、 |
| 墙 | 厚 350 | 18 | 1000 | 400（φ10） |

说明：

1. 梁截面≤300mm×1000mm 时，模板支架立杆设置为梁侧各一根。此时，上部荷载由横杆传至直角扣件或旋转扣件承担，直角扣件或旋转扣件的（抗滑）承载力设计值为 8.0kN，模板支架立杆的轴向受力完全能满足承载力要求。

2. 梁截面≥400mm×1000mm 时，由于直角扣件或旋转扣件的（抗滑）承载力设计值不能满足上部荷载的要求，模板支架必须在梁底中间设置一根立杆。此时，上部荷载产生的轴向力由梁底中间立杆承担。

3. 表中的数据按模板支架步距为 1800mm，立杆伸出顶层横向水平杆中心线至模板支撑点的长度为 300mm 计算。

4. 对于高空、大跨、重载的模板支架应另行计算。

## 3.7.11 卸料平台计算书

（1）计算依据

1）《钢结构设计标准》GB 50017—2017；

2）《简明施工计算手册》（第二版）；

3）《建筑施工手册》（第五版）。

（2）结构布置

1）卸料平台形式

卸料平台采用槽钢制作，栏杆采用 φ48×3.5 钢管焊接，主杆 16 号槽钢与腹杆 14a 号槽钢采用满焊连接，焊缝高度为 6mm；平台面采用 30mm 厚木板，周边设 300mm 高踢脚板。

2）已知条件

卸料平台主杆采用 16 号槽钢制作，腹杆采用 14a 号槽钢制作，栏杆高度为 1100mm，横向间距 1.2m，上部采用 φ16 钢丝绳拉结。卸料平台荷载按 15kN（1.5t）计算，同时操作人员按 4 人计算。

（3）计算内容

主杆和腹杆的抗弯、抗剪强度及变形，吊耳抗拉、抗剪强度，焊缝连接、φ16 钢丝绳强度验算。

（4）荷载计算

1）恒载计算

① 主杆恒载标准值 $G_Z$ 由构架基本结构杆部件的自重 $G_{K1}$、作业层表面材料的自重 $G_{K2}$ 和外部荷载 $G_{K3}$ 组成，即：

$$G_Z = G_{K1} + G_{K2} + G_{K3} \qquad (3-60)$$

16 号槽钢理论质量为 19.752kg/m，14a 号槽钢理论质量为 14.54kg/m，$\phi48×3.5$ 钢管理论质量为 3.84kg/m，木板理论质量为 600kg/m³，外部荷载为 1.5t。

$$G_Z = 19.752 × 5 × 2 + 14.54 × 2.75 × 7 + 3.84 × (60 × 1.1 + 12)$$
$$+ 600 × 2.8 × 4.5 × 0.03 + 1500 = 2504\text{kg} = 25.0\text{kN}$$

② 腹杆恒载标准值 $G_f$ 由作业层表面材料的自重 $G_{K2}$ 和外部荷载 $G_{K3}$ 组成，即：

$$G_f = G_{K2} + G_{K3} = 600 × 2.8 × 0.75 × 0.03 + 1500 = 1538\text{kg} = 15.4\text{kN}$$

2）施工荷载计算

$$Q_K = nq_K = 4 × 80 = 320\text{kg} = 3.2\text{kN}$$

3）荷载组合

① 主杆

$$P_Z = 1.2G_Z/2 + 1.4Q_K/2 = 1.2 × 25.0/2 + 1.4 × 3.2/2 = 17.24\text{kN}$$

$$q_Z = P_Z/L = 17.24/2.25 = 7.66\text{kN/m}$$

② 腹杆

$$P_f = 1.2G_f + 1.4Q_K = 1.2 × 15.4 + 1.4 × 3.2 = 22.96\text{kN}$$

$$q_f = P_f/L = 22.96/2.75 = 8.35\text{kN/m}$$

（5）主杆强度计算

16 号槽钢的截面特性：$A = 25.162\text{cm}^2$，$I_X = 935\text{cm}^4$，$W_X = 117\text{cm}^3$，$I_X：S_X = 153\text{mm}$，$t_w = 8.5\text{mm}$。

1）主杆受力形式一（图 3-53）

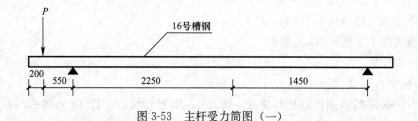

图 3-53 主杆受力简图（一）

① 验算 16 号槽钢的抗弯强度

$$M_{max} = P_z × L = 17.24 × 0.55 = 9.48\text{kN} \cdot \text{m}$$

$$\sigma_a = \frac{M_{max}}{W_x} = \frac{9.48 × 10^6}{117 × 10^3} = 81\text{N/mm}^2 < [\sigma] = 205\text{N/mm}^2$$

槽钢的抗弯强度验算合格。

② 验算 16 号槽钢的抗剪强度

$$V = P_Z = 17.24\text{kN}$$

$$t = \frac{VS_x}{I_x t_W} = \frac{17.24 \times 10^3}{153 \times 8.5} = 13.3 \text{N/mm}^2 < [t] = 100 \text{N/mm}^2$$

槽钢的抗剪强度验算合格。

③ 验算 16 号槽钢的挠度

$$f = \frac{P_z a^2}{3EI}(L+a) = \frac{17.24 \times 10^3 \times 550^2}{3 \times 206 \times 10^5 \times 935 \times 10^4} \times (2250 + 550)$$

$$= 2.53 \text{mm} < [f] = \frac{L}{250} = \frac{750}{250} = 3.0 \text{mm}$$

槽钢的挠度验算合格。

2）主杆受力形式二（图 3-54）

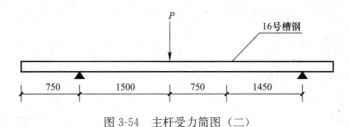

图 3-54　主杆受力简图（二）

① 验算 16 号槽钢的抗弯强度

$$M_{max} = \frac{P_z ab}{L} = \frac{1}{3.7} \times 17.24 \times 1.5 \times 2.2 = 15.4 \text{kN} \cdot \text{m}$$

$$\sigma_a = \frac{M_{max}}{W_x} = \frac{15.4 \times 10^6}{117 \times 10^3} = 131.6 \text{N/mm}^2 < [\sigma] = 205 \text{N/mm}^2$$

槽钢的抗弯强度验算合格。

② 验算 16 号槽钢的抗剪强度

$$V_{max} = \frac{P_z a}{L} = \frac{17.24 \times 1500}{3700} = 6.99 \text{kN}$$

$$t = \frac{V_{max} S_x}{I_x t_W} = \frac{6.99 \times 10^3}{153 \times 8.5} = 5.4 \text{N/mm}^2 < [t] = 100 \text{N/mm}^2$$

槽钢的抗剪强度验算合格。

③ 验算 16 号槽钢的挠度

$$f = \frac{P_z b}{9EI_x L} \sqrt{\frac{(a^2 + 2ab)^3}{3}} = \frac{17.24 \times 2200 \times 10^3}{9 \times 206 \times 10^3 \times 935 \times 10^4 \times 3700}$$

$$\sqrt{\frac{(1500^2 + 2 \times 1500 \times 2200)^3}{3}} = 9.0 \text{mm} < [f] = \frac{L}{250} = \frac{3700}{250} = 14.8 \text{mm}$$

槽钢的挠度验算合格。

3）主杆受力形式三（图 3-55）

① 验算 16 号槽钢的抗弯强度

$$M_{max} = \frac{1}{8L^2} q_z a^2 (2L-a)^2 = \frac{1}{8 \times 3.7^2} \times 7.66 \times 2.25^2 \times (2 \times 3.7 - 2.25)^2 = 9.4 \text{kN} \cdot \text{m}$$

$$\sigma_a = \frac{M_{max}}{W_x} = \frac{9.4 \times 10^6}{117 \times 10^3} = 80.3 \text{N/mm}^2 < [\sigma] = 205 \text{N/mm}^2$$

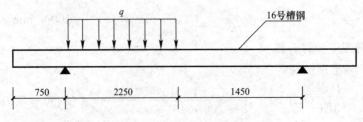

图 3-55 主杆受力简图（三）

槽钢的抗弯强度验算合格。

② 验算 16 号槽钢的抗剪强度

$$V = \frac{q_z a}{2L}(2L - a) = \frac{7.66 \times 2.25}{2 \times 3.7} \times (2 \times 3.7 - 2.25) = 11.99\text{kN}$$

$$t = \frac{VS_x}{I_x t_w} = \frac{11.99 \times 10^3}{153 \times 8.5} = 9.2\text{N/mm}^2 < [t] = 100\text{N/mm}^2$$

槽钢的抗剪强度验算合格。

③ 验算 16 号槽钢的挠度

$$f = \frac{q_z a^3 b}{24EI} \times \left(\frac{3a}{L} - 1\right) = \frac{7.66 \times 2250^3 \times 1450}{24 \times 206 \times 10^3 \times 935 \times 10^4} \times \left(\frac{3 \times 2250}{3700} - 1\right)$$

$$= 2.26\text{mm} < [f] = \frac{L}{250} = \frac{3700}{250} = 14.8\text{mm}$$

槽钢的挠度验算合格。

（6）腹杆强度计算

14a 号槽钢的截面特性：$A = 18.516\text{cm}^2$，$I_x = 564\text{cm}^4$，$W_x = 80.5\text{cm}^3$，$I_x : S_x = 119\text{mm}$，$t_w = 6.0\text{mm}$。

1）腹杆受力形式一（图 3-56）

① 验算腹杆的抗弯强度

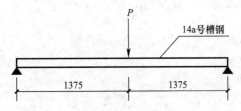

图 3-56 腹杆受力简图（一）

$$M_{max} = \frac{1}{4}P_f L = \frac{1}{4} \times 22.96 \times 2.75 = 15.785\text{kN} \cdot \text{m}$$

$$\sigma_a = \frac{M_{max}}{W_x} = \frac{15.785 \times 10^6}{80.5 \times 10^3} = 196\text{N/mm}^2 < [\sigma] = 205\text{N/mm}^2$$

腹杆的抗弯强度验算合格。

② 验算腹杆的抗剪强度

$$V = \frac{P_f}{2} = \frac{22.96}{2} = 11.48\text{kN}$$

$$t = \frac{VS_x}{I_x t_w} = \frac{11.48 \times 10^3}{119 \times 6.0} = 16.1\text{N/mm}^2 < [t] = 100\text{N/mm}^2$$

腹杆的抗剪强度验算合格。

③ 验算腹杆的挠度

$$f = \frac{P_f L^3}{48EI} = \frac{22.96 \times 10^3 \times 2750^3}{48 \times 206 \times 10^3 \times 564 \times 10^4} = 8.6\text{mm} < [f] = L/250 = 2750/250 = 11\text{mm}$$

2）腹杆受力形式二（图 3-57）

① 验算腹杆的抗弯强度

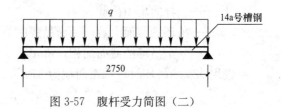

图 3-57 腹杆受力简图（二）

$$M_{max} = \frac{1}{8}q_f L^2 = \frac{1}{8} \times 8.35 \times 2.75^2$$
$$= 7.89 \text{kN} \cdot \text{m}$$

$$\sigma_a = \frac{M_{max}}{W_x} = \frac{7.89 \times 10^6}{80.5 \times 10^5}$$
$$= 98 \text{N/mm}^2 < [\sigma] = 205 \text{N/mm}^2$$

腹杆的抗弯强度验算合格。

② 验算腹杆的抗剪强度

$$V = \frac{q_f L}{2} = \frac{8.35 \times 2.75}{2} = 11.48 \text{kN}$$

$$t = \frac{VS_x}{I_x t_w} = \frac{11.48 \times 10^3}{119 \times 6.0} = 16.1 \text{N/mm}^2 < [t] = 100 \text{N/mm}^2$$

腹杆的抗剪强度验算合格。

③ 验算腹杆的挠度

$$f = \frac{5q_f L^4}{384EI} = \frac{5 \times 8.35 \times 2750^4}{384 \times 206 \times 10^3 \times 564 \times 10^4} = 5.4 \text{mm} < [f]$$
$$= L/250 = 2750/250 = 11 \text{mm}$$

腹杆的挠度验算合格。

（7）底板厚度计算

1）作用在底板上的均布荷载

宽度按 1000mm、跨度按 750mm 计算。

$$q = (1.2G_{k3} + 1.4Q_k)/1 = (1.2 \times 15 + 1.4 \times 3.2)/1 = 22.5 \text{kN}$$

2）底板厚度

$L$ 为计算跨度，$b$ 为计算宽度，单位为 mm。

按强度要求：

$$h = \frac{L}{7.8}\sqrt[3]{\frac{q}{b}} = \frac{750}{7.8}\sqrt[3]{\frac{22.5}{1000}} = 27.1 \text{mm}$$

按刚度要求：

$$h = \frac{L}{4.65}\sqrt{\frac{q}{b}} = \frac{750}{4.65}\sqrt{\frac{22.5}{1000}} = 24.2 \text{mm}$$

底板厚度取 $h = 30$mm。

（8）吊环强度计算

1）吊环选用计算

吊环最不利受力状态为集中荷载作用在吊环处，吊环的拉应力为：

$$\sigma = \frac{1.6P_z}{n \times A} \tag{3-61}$$

式中 $\sigma$——吊环的拉应力，N/mm²；

$P_z$——主杆的集中荷载，N；

$n$——吊环的截面个数，一个吊环时为 2；

$A$——一个吊环的截面面积，$mm^2$。

选用 $\phi20$ 的吊环时，截面面积为 $314mm^2$，则：

$$\sigma = \frac{1.6P_z}{n \times A} = \frac{1.6 \times 17.24 \times 10^3}{2 \times 314} = 43.9N/mm^2 < [\sigma] = 50N/mm^2$$

满足要求。

2）吊环焊缝连接计算

$$\sigma = \frac{P_z}{L_w \times t} \tag{3-62}$$

式中　$\sigma$——焊缝强度，$N/mm^2$；

$P_z$——主杆的集中荷载，N；

$L_w$——焊缝的计算长度，mm；

$t$——连接件的较小厚度，mm；16 号槽钢为 8.5mm。

$$\sigma = \frac{P_z}{L_w \times t} = \frac{2 \times 17.24 \times 10^3}{40 \times 8.5} = 101.4N/mm^2 < f_t^w = 160N/mm^2$$

满足要求。

（9）验算钢丝绳强度

1）钢丝绳受力计算

钢丝绳最不利受力状态为集中荷载作用在吊环处。

钢丝绳斜拉角度：

$$\beta = 90 - \tan^{-1}\frac{2800}{2250 + 1450} = 90 - 37.12 = 52.88°$$

钢丝绳所受拉力：

$$T = P_z \div \cos\beta = \frac{17.24}{0.60} = 28.7kN$$

2）钢丝绳选用

选用 $\phi18$ 钢丝绳（$1 \times 37$），公称抗拉强度为 $1520N/mm^2$，破断拉力总和 $P_g = 298kN$，$A_s = 196.34mm^2$。

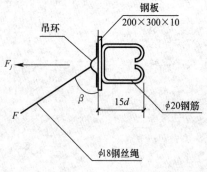

图 3-58　预埋铁件受力简图

3）钢丝绳强度验算

$$S_b = aP_g = 0.85 \times 298 = 253.3kN$$

$$S = \frac{S_b}{K_1} = \frac{253.3}{10} = 25.33kN$$

$$T = 23.2 < S$$

$\phi18$ 钢丝绳强度验算合格。

（10）上部预埋铁件计算

1）预埋铁件形式

预埋铁件受力简图，见图 3-58。

2）预埋铁件验算

$$F_j = F\sin\beta = 28.7 \times \sin52.88° = 22.88kN$$

$$A_s = \frac{K_3 F_j[\sin\beta + \cos\beta/(U_1 U_2)]}{f_{st}}$$

$$= \frac{1.6 \times 22.88 \times 10^3 \left[0.797 + 0.603/(1 \times 0.8)\right]}{205} = 277 \text{mm}^2$$

$$A = 314 \times 2 = 628 \text{mm}^2$$

A>A$_s$，满足要求。

（11）附图

见图 3-59～图 3-61。

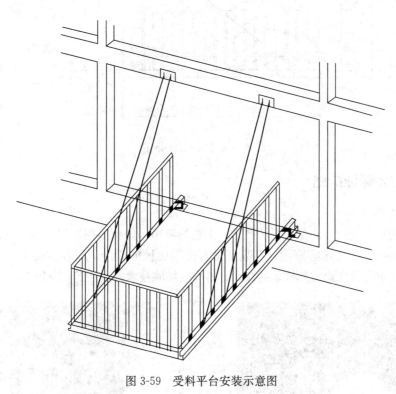

图 3-59 受料平台安装示意图

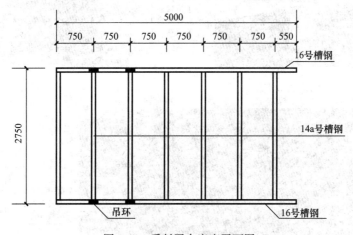

图 3-60 受料平台底座平面图

预埋件 1：钢板 200mm×300mm×10mm，吊环直径 $\phi$20（圆钢），锚筋直径 $\phi$20（圆钢），锚固长度 15$d$。

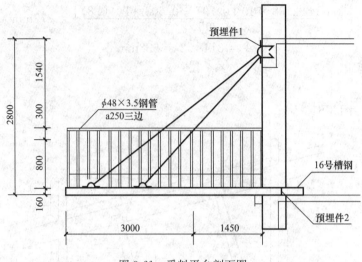

图 3-61 受料平台剖面图

## 3.7.12 主要保证措施

（1）技术措施

技术措施通常包括：新型材料、技术、工艺的应用，如新型模板的应用、钢筋连接技术的应用、深基坑支护技术的应用、超高层垂直运输机械的应用、高程混凝土泵送技术的应用、新型基坑沉降及变形监测技术的应用、桩应变检测技术的应用等，见图 3-62～图 3-64。

图 3-62 可调梁柱节点模板（一）

图 3-63 可调梁柱节点模板（二）

图 3-64 预制空心轻质混凝土块

（2）质量保证措施

是在质量标准（如鲁班奖）的基础上制定实施的，主要措施有：方案审批制度、技术交底制度、工程样板制度、旁站监理制度、工序控制制度、联合检查制度（专检、互检、交接检）等，见图 3-65～图 3-67。

（3）工期保证措施

综合分析影响工期的内、外部因素，有针对性地制定措施。

外部因素：如天气情况变化、交通运输、图纸设计深化、设备加工订货等。

图 3-65 工程样板

图 3-66 监理旁站浇筑混凝土

图 3-67 工程测量桩交接检查

内部因素：如物资进场、大型机械进场、施工方案、流水段划分等，应通过技术交底、工程进度例会等做好准备工作，减少不必要环节的影响。

（4）安全文明施工保证措施

制定安全文明施工专项方案，明确安全管理方法和主要安全措施，如现场安全防护、安全通道、安全检查制度、安全责任制等如何实施，见图 3-68、图 3-69。

（5）消防保卫措施

制定现场消防保证体系和消防管理责任制，成立消防保卫小组，明确现场消防设施（消火栓、灭火器等）的布置位置，明确现场保卫人员的职责等，见图 3-70。

（6）环境保护措施

工程产生的环境污染主要有：粉尘污染、噪声污染、水污染、固体垃圾污染、光污染。

有针对性地制定防污染措施，如粉尘污染采取遮盖、洒水等措施；噪声污染采取防护罩（电锯）等措施；水污染采取污水经处理后再排入市政污水管道等措施；固体垃圾污染采取垃圾分类、倒入环保部门指定位置，由环保部门统一处理措施；光污染采取避免集中施焊，采取围挡等措施，见图 3-71、图 3-72。

**文明施工**

一、施工现场应按安全标志平面图设置各种安全警示标志，且标志应齐全整洁醒目。

二、施工现场实行封闭管理，地面硬化处理保证排水畅通无积水，材料归类插牌堆放，建筑垃圾及时清运，场容场貌清洁卫生。

三、施工作业区要与办公生活区明显分开，严禁非施工人员及小孩在工地穿行玩耍。

四、办公区与生活区保持清洁卫生，要经常开展卫生防病宣传教育，做好防害灭病工作。

五、现场食堂符合卫生要求，炊事人员持体检合格证上岗，施工人员应注意个人不喝生水不随地大小便。

六、施工现场应制定不扰民措施，夜间施工须经有关部门的批准。

**十项安全技术措施**

一、按规定正确使用"三宝"。

二、机械设备防护装置，一定要齐全有效。

三、塔式起重机等起重设备必须有限位装置，不准带病运转。

四、架设电线线路必须符合当地电业局的规定，电路设备全部接地接零。

五、电动机械和电动手持工具，要设漏电掉闸装置。

六、脚手架材料和脚手架搭设，必须符合规定要求。

七、各种缆风绳及其设备必须符合要求。

八、在建工程的楼梯口、电梯口、预留洞口、通道口必须有防护设施。

九、严禁穿高跟鞋、拖鞋、赤脚进入施工场地，高空作业不准穿硬底和带钉易滑的鞋靴。

十、施工现场的悬崖、陡坝等危险区域要有警戒标志，夜间要有红灯警示。

图 3-68　现场安全文明施工管理规定

图 3-69　现场安全防护

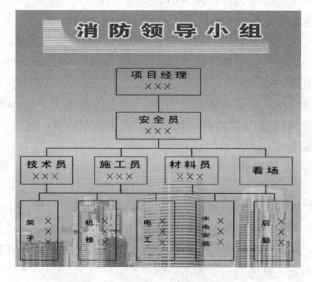

图 3-70　消防组织构架示意图

图 3-71 土方遮盖防尘

电锯防护棚可大大降低噪声

图 3-72 电锯防护棚

（7）冬雨期施工措施

在冬雨期施工中应遵循：雨期设备防潮防水、防雷击，管线防锈，土建装修防浸泡、防冲刷；施工中防触电、防雷击，并制定相应的防汛措施，确保施工的安全、顺利进行。

（8）成品保护措施

明确现场需要保护的成品有哪些，主要有楼梯踏步、柱角、墙面装饰、电梯、门窗保护等，制定相应的成品保护方案，加强管理，严格执行，见图 3-73～图 3-75。

图 3-73 楼梯成品保护

图 3-74　基础边角保护

图 3-75　窗贴膜保护

（9）降低成本措施

施工组织设计中要有降低工程成本的措施，主要有：

技术措施，如混凝土中加外加剂，减少水泥用量等。

组织措施，如合理划分流水段，合理安排施工作业队伍，加强信息技术的应用等，见图 3-76。

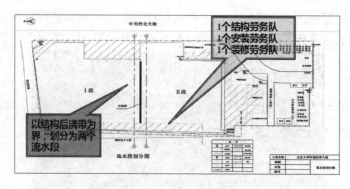

图 3-76　流水段划分

（10）绿色施工保证措施

在保证质量、安全等基本要求的前提下，通过科学管理、前期策划，最大限度地节约资源与减少对环境有负面影响的施工活动，实现四节一环保（节能、节地、节水、节材和环境保护）。主要措施：采用集装箱办公住宿用房，工具式围挡及加工棚，现场扬尘控制，永临结合道路及用水、污水处理，雨水收集等。

（11）信息化体系措施

施工现场设置计算机_____监控系统关键点：地基基础阶段的监控、主体施工阶段的监_____明施工的重点监控，随时掌控现场施工情况。

项_____"、"PKPM"、品茗、斑马、AutoCAD、Word、Excel、P_____目上的应用可极大提高工作效率，信息网络使工程项目管_____能力和管理水平。

### 3.7.13

主要_____明目标、质量目标、安全目标、环境目标、体系目标、成本_____

### 3.7.14

（1）

（2）

# 4 图纸会审

## 4.1 图纸会审流程

### 4.1.1 图纸会审目的

图纸会审是指工程各参建单位（建设单位、监理单位、施工单位、各种设备厂家）在收到设计院提供的施工图设计文件后，对图纸进行全面细致的熟悉，审查出施工图中存在的问题及不合理情况并提交设计院进行处理的一项重要活动，见图 4-1。

图 4-1　现场图纸会审

### 4.1.2 图纸会审作用

通过图纸会审可以使各参建单位特别是施工单位熟悉设计图纸、领会设计意图、掌握工程特点及难点，找出需要解决的技术难题并拟定解决方案，从而将因设计缺陷而出现的问题消灭在施工之前，见图 4-2。

### 4.1.3 图纸会审适用范围

房建施工项目、市政工程项目、水利工程、路桥隧道等工程的施工图纸会审范围包括：施工图纸、设计联系单、工作联系单、签证单、施工技术联系单、技术交底等其他技术要求文件。

图纸会审记录由监理负责整理并分发给各个相关单位执行、归档，实际施工中，由施工单位代劳

图纸会审时每个单位提出的问题或优化建议在会审会议上必须经过讨论得出明确结论；对需要再次讨论的问题，在会审记录上明确最终答复日期

**施工图纸会审及记录**

| 工程名称 | | | | 共 页 第 页 | | |
|---|---|---|---|---|---|---|
| 会审地点 | | 记录整理人 | | 日期 | 年 月 日 | |
| 参加人员 | 建设单位： | | | | | |
| | 设计单位： | | | | | |
| | 监理单位： | | | | | |
| | 施工单位： | | | | | |
| 序号 | 图纸编号 | 提出图纸问题 | | 图纸修订意见 | | |
| 1 | | | | | | |
| 2 | | | | | | |

图 4-2　图纸会审记录

## 4.1.4 图纸会审制度

（1）图纸会审时间控制：设计图纸分发后三个工作日内由监理负责组织业主、设计、监理、施工单位及其他相关单位进行设计交底。设计交底后 15 个工作日内由建设单位或监理负责组织上述单位进行图纸会审。

（2）图纸会审是由设计、施工、监理单位以及有关部门参加的图纸审查会，其目的有两个：

1）使施工单位和各参建单位熟悉设计图纸，了解工程特点和设计意图，找出需要解决的技术难题，并制定解决方案。

2）解决图纸中存在的问题，减少图纸的差错，使设计经济合理、符合实际，以利于施工顺利进行。

图纸会审程序：通常先由设计单位进行交底，内容包括：设计意图、生产工艺流程、建筑结构造型、采用的标准和构件、建筑材料的性能要求；对施工程序、方法的建议和要求以及工程质量标准及特殊要求等。然后由施工单位（包括建设、监理单位）提出图纸自审中发现的图纸中的技术差错和图面上的问题，如工程结构是否经济、合理、实用，对图纸中不合理的地方提出改进建议；各专业图纸各部分尺寸、标高是否一致，结构、设备、水电安装之间以及各种管线安装之间有无矛盾，总图与大样图之间有无矛盾等，设计单位均应一一明确交底和解答。

会审时，要细致、认真地做好记录。会审时施工等单位提出的问题，由设计单位解答，整理出"图纸会审记录"，由建设、设计和施工、监理单位会签，"图纸会审记录"作为施工图纸的补充和依据。不能立即解决的问题，会后由设计单位发设计修改图或设计变更通知单。

图纸学习与审查是施工技术管理的重要组成部分，把设计图纸变为实际的工程需要做很多实际工作，搞好图纸学习与审查是一项重要和有成效的工作，通过图纸学习与审查，可以使大部分设计问题在施工前得到解决。不过，由于工程错综复杂，随着工程进展，往往还会出现一些新的具体问题，所以需要反复地审查，及时发现问题，解决问题，避免差错。图纸学习与审查是经常性的，贯穿于施工的全过程，见图 4-3。

图 4-3 图纸会审制度

（3）图纸会审会议由业主或监理主持，主持单位应做好会议记录并组织参加人员签到，见图 4-4。

**图纸会审签到表**

| 主题： | | | |
|---|---|---|---|
| 时间： | 地点： | | 主持人： |
| 姓名 | 单位（部门） | | 职务 |
| | | | |
| | | | |
| | | | |
| | | | |
| | | | |
| | | | |
| | | | |
| | | | |
| | | | |
| | | | |
| | | | |
| | | | |
| | | | |
| | | | |
| | | | |
| | | | |
| | | | |
| | | | |
| | | | |
| | | | |
| | | | |

下列人员必须参加图纸会审：
建设单位：现场负责人员及其他技术人员；
设计单位：设计单位总工程师、项目负责人及各个专业设计负责人；
监理单位：项目总监、副总监及各个专业监理工程师；
施工单位：项目经理、项目副经理、项目总工程师及各个专业技术负责人；
其他相关单位：负责人

图 4-4　图纸会审签到表

（4）图纸会审可采用全部图纸集中会审、分部图纸会审、分阶段图纸会审及分专业图纸会审等形式，具体会审形式由监理确定。

（5）各参建单位对施工图、工程联系单及图纸会审记录做好备档工作。

（6）作废的图纸以书面形式通知各施工单位自行处理。

## 4.1.5　图纸会审主要内容

1. 总平面图审查要点

（1）道路、建筑物红线与场地内道路及建筑物、构筑物的定位关系是否清楚。

（2）建筑物及构筑物的总图定位坐标、标高及道路、市政管网坡道、标高与周边市政道路管网关系是否明确。

（3）场地内的主要道路及出入口位置、地下车库出入口位置、消防通道、室外消火栓是否遗漏或者符合相关规范要求。

（4）建筑物周边的市政道路及管网与建筑物之间的位置或间距是否合理并标注清楚。

（5）建筑物、构筑物（人防工程、地下车库、蓄水池等隐蔽工程）的名称或者编号、层数、定位关系是否清楚、正确。

（6）为了避免场地内出现倒坡，设计图中除应标出所有车行道的坡度、坡长以及边坡点位置外，还应标出住宅单元出入口至小区道路之间人行通道的坡度、坡长及变坡点，并审查其是否标注清楚。

（7）地面地下起伏较大时，应标示挡土墙、护坡或土坎顶部和底部的主要设计标高及护坡坡度、坡向，并审查其是否标注清楚。

2. 建筑专业施工图审查要点

（1）建筑总说明和门窗等材料表，是否有错漏或交代不清楚。

（2）建筑总说明与细部构造详图做法，是否存在冲突或标示不清。

（3）墙体防潮层，地下室防水，屋面、内外墙及室外附属工程的用材及做法，是否符合要求。

（4）比较复杂部分的标高及空间尺寸，是否标示清楚，与结施图是否相对应。

（5）集水坑位置，是否避开车位或者后浇带等。

（6）消防末端试水、保洁用水点位置，是否有排水设计。

（7）高压配电室和发电机房，是否避开邻近水池或者上方通过的水管。

（8）电缆沟，是否考虑找坡，端部设置集水坑。

（9）电梯底坑排水系统，是否考虑排水。

（10）楼梯踏步的级数、尺寸和标高，是否有错，梯梁下净空高度是否达到相关规范要求。

（11）人防门与墙、柱位置及开启方向，是否与建施图一致。

（12）建施、结施、安装等窗墙梁预留洞，预埋件详图，是否有漏、错、缺、碰，并核查尺寸是否正确。

（13）后浇带位置，是否与集水坑、设备用房、承台等冲突，不宜转折过多。

（14）地下部分与地上部分的轴线，是否存在上、下轴线错位情况。

（15）排水管井的设置位置，是否会对客厅、卧室、书房产生噪声影响。

（16）门窗表中的数量、尺寸、型号，必须与平、立、剖面图核对，核查是否有遗漏或差错。

（17）窗户、入户门的开启方向是否有影响。

（18）建施图中的轴线与柱、墙、梁的关系尺寸，是否一致。

（19）立、剖面图中每层标高、门窗位置与平面图关系，是否一致对应。

（20）节点详图及节点所在位置标注尺寸是否清楚或有错漏。

（21）阳台、露台、厨房、卫生间等的标高是否比室内低。

（22）外墙保温、室内非供暖房间的保温材料设计要求、施工范围是否明确。

（23）女儿墙、窗台压顶、阳台压顶等，是否有遗漏，标示是否清楚。

3. 结构专业施工图审查要点

（1）结构总说明、地质勘察报告与建筑总说明，是否完整、清楚、存在相互冲突等。

（2）各类结构平、立、剖面图的轴线、标高、尺寸，是否与建施图相对应。

（3）基础、柱、墙平面布置图与大样图，是否与建施图一致或错漏。

（4）集水坑、集水沟、电梯坑等位置与标高，是否与结施图中承台、地梁冲突。

（5）地下车库入口净空高度，是否满足要求。

（6）设备在墙、柱和梁板上的留洞和预埋件，是否有遗漏。

（7）楼梯间的结施图与建施图是否吻合。

（8）主梁、次梁、双梁的高度关系，是否清楚，是否存在高低差。

（9）雨棚、挑檐是否设置合理，与建施图是否一致。

（10）人防地下室配筋是否满足相关规范要求。

4. 装饰装修施工图审查要点

（1）装修图与土建图对比核查（特别注意有镜像的图纸），是否有错、缺、漏等。

（2）装修图标示标注，是否清晰，是否与现场有出入。

（3）土建预留洞与装修图，是否相符、合理。

（4）吊顶高度与铝合金窗的关系，是否遮挡铝合金窗及窗帘盒的安装。

（5）空调位置设计应迎门，避免对窗吹，是否对床吹。

（6）北方地面设置地暖，面层厚度是否满足设计要求及影响室内净空。

5. 给水排水施工图审查要点

（1）设计说明应包括设计依据、范围、管材及接口、阀门及阀件、管道敷设、管道试压、防腐油漆、管道及设备保温等，审查内容是否齐全。

（2）管道、设备的防隔振、消声、防水锤、防膨胀、防伸缩沉降、防污染、防露、防冻、防泄漏、固定、保温、检查、维护等，是否采取有效合理的措施。

（3）各层给水排水平面布置图中预留接口位置、数量，是否满足使用要求。

（4）楼层平面图、消火栓布置图、自动喷水灭火系统布置图、给水排水系统平面图、机电管线，是否有详细的定位尺寸、标高标注，安装位置是否需要优化。

（5）生活给水泵房、水泵机组、供水管支架底座的位置，是否避开了有防振或有安静要求的房间，是否采取隔振或消声措施。

（6）入市政污、雨水管结合井的管径、标高，是否标注清楚。

（7）管道穿越地下室、水池、墙、伸缩缝、沉降缝时，是否采取了可靠的防渗漏措施。

（8）生活水泵房、消防水池等平面图、剖面图、系统图，标高是否清楚。

6. 强电施工图审查要点

（1）电气设计总说明与材料表、供电负荷等级，是否需要双电源，材料设计，是否满足使用要求。

（2）配电平面图和系统图，包括配电箱、控制柜、启动器、线路及接地平面布置图，是否相对应。

（3）高低压配电柜布置，是否合理，是否需要优化设计，减少电缆安装长度。

（4）进户线的方位，是否在离主电源距离最短的方向。

（5）当电气管路沿墙敷设时，注意审查墙体的厚度、墙体所用的材料、墙体的结构等，是否便于敷设（若是玻璃隔断需要）。

（6）动力与照明、强电与弱电线路敷设，是否分开设置或留安全距离设置。

（7）建筑所需开洞、预埋的部位，是否在图中交代清楚，并注明标高和尺寸。

（8）所有平面图与系统图的设计，是否一致。

（9）配电房、配电箱、电缆沟走线路径及各分支电源线，是否可能处于负荷中心，是否可节约。

（10）动力供电电缆、电缆沟及套管、分支供电电线，是否符合要求及是否有后期增容要求。

（11）供电系统图，是否满足国家强制性规范要求，需双电源供电的负荷。

（12）各系统图、配电箱负荷分配及三相平衡，选择的隔离开关、断路器及整定电流大小、漏电保护、电表容量、接地保护等，是否符合要求且便于安全使用和日化维护。

7. 暖通施工图审查要点

（1）设计总说明及目录（含标准图集重复利用图）；设计及施工说明：通风、空调及制冷机房，是否齐全，通风、空调及制冷机房有无平、立剖面图。

（2）安装在吊顶内的排烟管道及其隔热层做法，是否设计采用不燃材料制作隔热层。

（3）无窗的卫生间，是否设置有防回流构造的排气通风道。

（4）穿越空调机房隔墙或防火墙（含防火卷帘）时送回风管，是否设置防火阀。

（5）高层建筑采用难燃材料作保温层时，其外表面是否采用不燃材料作保护层。

（6）在风机直通大气的进出口位置，是否设置防火网。

（7）采用气体灭火的房间（如配电室、电器总控制室等），是否设置、采用快速密闭及灭火后排除废气的措施。

（8）地下停车库排风、排烟系统，是否考虑平时停车量较少时节能运行情况。

（9）变电所等重要房间，是否设置机械通风。

（10）电梯机房通风、排风、进风口，是否只有排风而无进风措施，排风口有无防雨措施。

8. 其他审查要点

（1）设计单位资质情况，是否无证设计或越级设计；施工图纸是否经过设计单位各级人员签署，是否通过施工图审查机构审查。

（2）地质勘探资料是否齐全。

（3）设计图纸与说明是否齐全，有无分期供图的时间表。

（4）设计地震烈度是否符合当地要求。

（5）几个设计单位共同设计的图纸之间有无矛盾；专业图纸之间、平立剖面图之间有无矛盾；标注有无遗漏，见图 4-5～图 4-7。

（6）总平面图与施工图的几何尺寸、平面位置、标高等是否一致，见图 4-8、图 4-9。

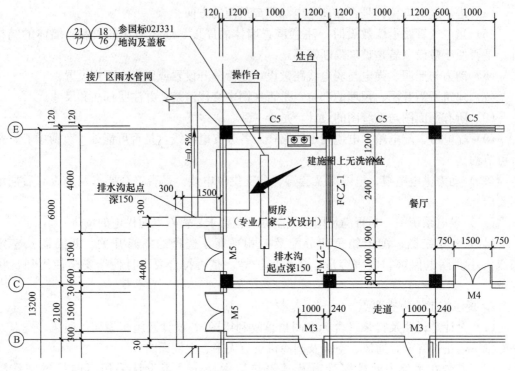

图 4-5　建筑平面布置图

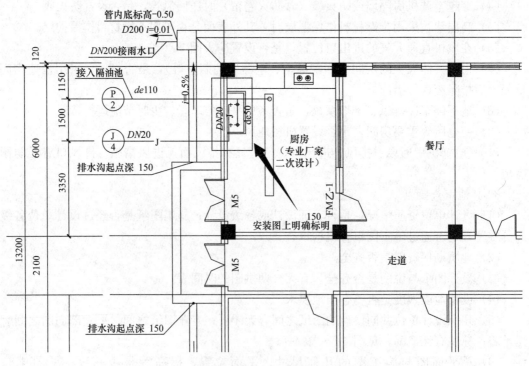

图 4-6　给水排水平面布置图

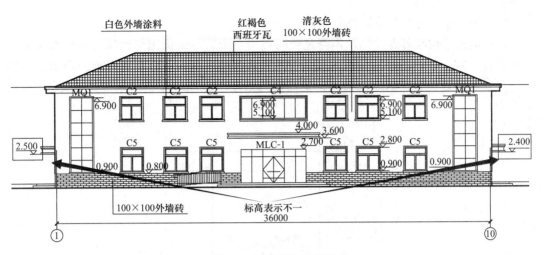

图 4-7 建筑立面布置图

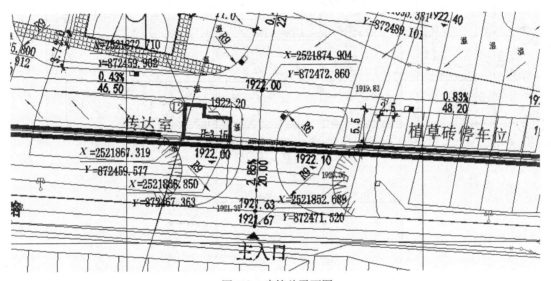

图 4-8 建筑总平面图

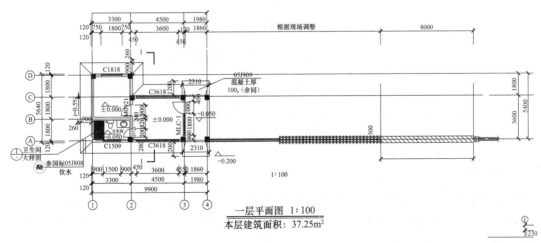

图 4-9 传达室建筑施工图

（7）防火、消防是否满足要求。

（8）建筑结构与各专业图纸本身是否有差错及矛盾；结构图与建筑图的平面尺寸及标高是否一致；建筑图与结构图的表示方法是否清楚；是否符合制图标准的要求；预埋件是否表示清楚；有无钢筋明细表；钢筋的构造要求在图中是否表示清楚，见图 4-10、图 4-11。

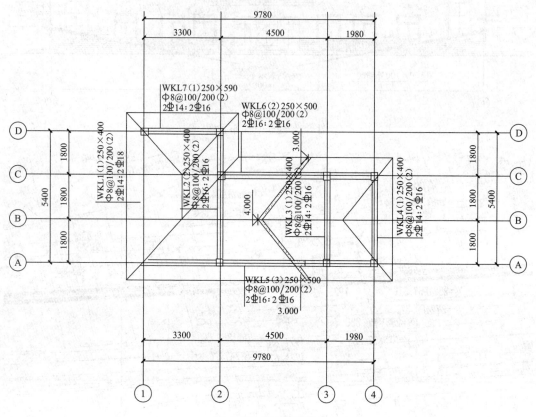

图 4-10　屋面结构图

（9）施工图中所列各种标准图册，施工单位是否具备。

（10）材料来源有无保证，能否代换；图中所要求的条件能否满足；新材料、新技术的应用有无问题。

1）保温材料的选择

目前市场上的保温材料主要有岩棉、玻璃棉、聚苯乙烯泡沫塑料、挤塑聚苯乙烯泡沫塑料、膨胀珍珠岩等。如何选用这些材料，要综合考虑以下几点并进行比较后才能确定。

① 保温材料适用的温度范围

不同材料的保温效果是不一样的，应根据住宅工程的实际，使所选用的保温材料的保温性能和保温范围与建筑环境相适应，并在正常使用条件下，不会有较大的变形损坏。

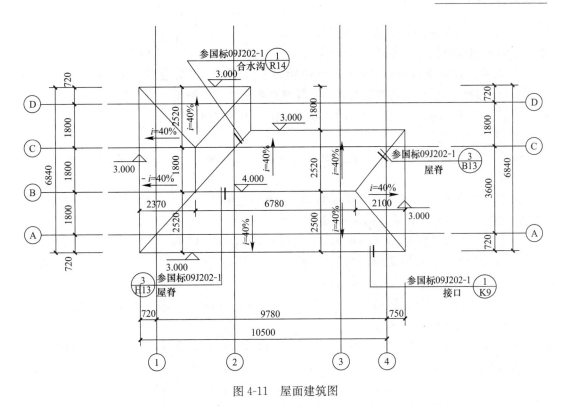

图 4-11 屋面建筑图

② 保温材料的导热系数

在相同保温效果的前提下，导热系数小的材料其保温层厚度就可以做得更小，保温结构所占的空间就更小。

③ 保温材料的化学稳定性

在人居环境中，保温材料不得产生任何对人身有害的化学气体或杂质。

④ 保温材料的强度

由于保温材料有时需要承受一定的风、雪荷载，并且还要承受人为的外力冲击等。这样就需要保温材料具有一定的机械强度，用以传递并抵抗外力作用。

⑤ 保温材料的寿命

任何材料都具有一定的使用年限，保温材料也要与被保温建筑的设计周期相适应，以免造成浪费。

⑥ 保温材料应具有阻燃性

所谓阻燃性就是所选用的保温材料应具有不燃和难燃的性能，防止火灾所造成的损失。

除了上述几个方面外，保温材料还应具有合适的价格、良好的施工性，并利于保证施工质量。

2）保温材料的优缺点

① 岩（矿）棉和玻璃棉有时统称为矿物棉，它们都属于无机材料。岩棉不燃烧，价格较低，在满足保温隔热性能的同时还具有一定的隔声效果。但岩棉的质量优劣相差很大，保温性能好的密度小，其抗拉强度也低，耐久性比较差。

② 玻璃棉与岩棉在性能上有很多相似之处，但其手感好于岩棉，可改善工人的劳动条件。但它的价格较岩棉为高。

③ 聚苯乙烯泡沫塑料是以聚苯乙烯树脂为主要原料，经发泡剂发泡而制成的内部具有无数封闭微孔的材料。其表观密度小、导热系数小、吸水率低、隔声性能好、机械强度高，而且尺寸精度高、结构均匀，因此在外墙保温中其占有率很高。

④ 装饰保温材料：

a. 膨胀聚苯板（EPS板）导热系数为 $0.038\sim0.041W/(m\cdot K)$，保温效果好，价格便宜，强度稍差。

b. 挤塑聚苯板（XPS板）导热系数为 $0.028\sim0.03W/(m\cdot K)$，保温效果更好，强度高，耐潮湿，价格贵，施工时表面需要处理。

c. 岩棉板导热系数为 $0.041\sim0.045W/(m\cdot K)$，防火，阻燃，吸湿性大，保温效果差。

d. 胶粉聚苯颗粒保温浆料导热系数为 $0.057\sim0.06W/(m\cdot K)$，阻燃性好，废品可回收，保温效果不理想，对施工要求高。

e. 聚氨酯发泡材料导热系数为 $0.025\sim0.028W/(m\cdot K)$，防水性好，保温效果好，强度高，价格较贵。

f. 珍珠岩等浆料导热系数为 $0.07\sim0.09W/(m\cdot K)$，防火性好，耐高温，保温效果差，吸水性高。

(11) 地基处理方法是否合理，建筑与结构构造是否存在不能施工、不便于施工的技术问题，或容易导致质量、安全、工程费用增加等方面的问题。

(12) 工艺管道、电气线路、设备装置、运输道路与建筑物之间或相互之间有无矛盾，布置是否合理，是否满足设计功能要求。

1) 首先从图纸目录中了解该设计项目中管道布置图样的类型及图纸数量，所需阅读的管道布置图中的平面图、立面剖（向）视图等的配置情况，视图的数量等。再了解有无管道轴测图和设计模型；初步了解图例的含义及设备位号的索引，非标准型管件、管架等图样的提供情况。然后初步浏览各不同标高的平面图，了解各图的比例；如果平面图上还列出了设备管口表时，可依此了解该标高平面所有设备的位号及各设备之间的相互连接关系，或者直接从图面上了解设备位号及其位置。

2) 依照管道仪表流程图的流程顺序，按设备位号和管道编号，从主要物料开始，对照平面图和剖面图，依次逐条弄清管道与各设备的连接关系，以及分支情况。如此再进行另一种物料的流向关系分析，直至将所有的主要物料和辅助物料的流向情况全部搞清楚。弄清楚物料的流向后，再对照管道仪表流程图，了解各管道上安装的阀门、仪表、管件和管架等。详细阅读各管道、阀门、仪表、管件和管架的定位尺寸、代号和各种相关的文字标注和说明。对于多层结构的复杂管道布置，需反复阅读和认真检查核对，特别是各层图纸间的连接关系是否正确，确保已经完全了解装置内设备、管道、仪表等的整体布置情况，见图4-12、图4-13。

3) 读图时先弄清各视图配置情况，然后从第一层平面开始，配合有关的立面剖（向）视图，从位号最小的设备开始，逐条分析各管口连接管段的布置情况，弄清来龙去脉、分支情况，以及阀门、管架、控制点的配置部位，同时分析尺寸及其他有关标注。了解一层平面以后，再依次进行其他各层平面上管道布置的分析，直至完全了解。对于只绘有平面

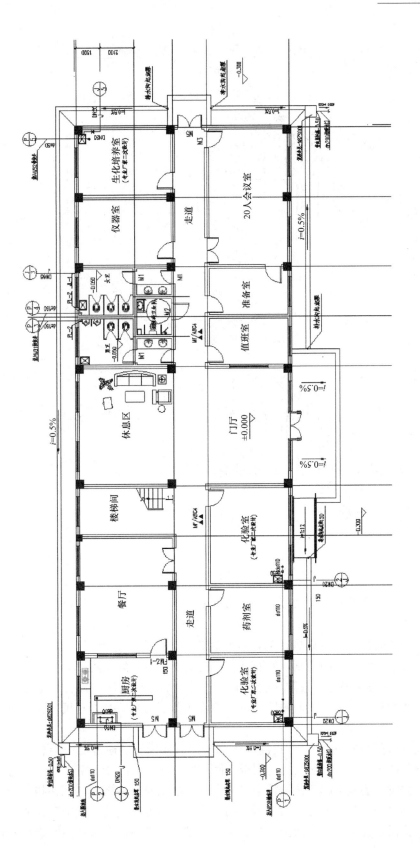

图 4-12 一层给水排水平面布置图

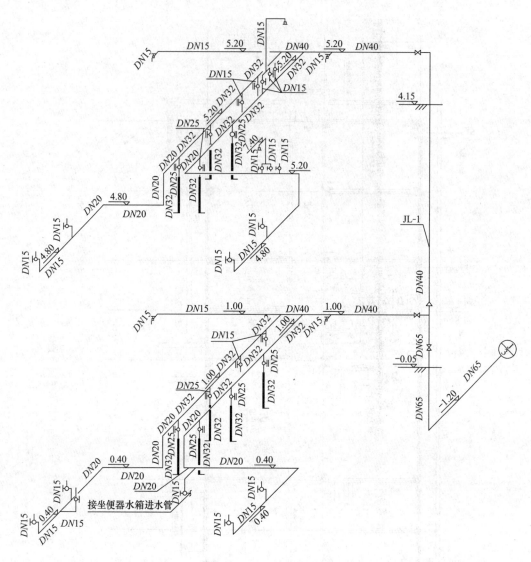

图 4-13　给水排水系统图

布置图的系统，各管道的相对位置及走向均要通过平面尺寸标注、标高数据、管道编号、管内物料流向箭头等诸多因素结合进行判断。如果手头没有相应的工艺流程图等其他资料，管道布置图的阅读也是可以进行的，但要困难些。首先，应当了解生产的大致原理，根据设备编号大致了解设备的类别，判断其在工艺流程中所起的作用（后面还需验证是否正确）。然后，按照设备编号，按顺序逐个分析各管口的连接情况，配合管道编号，按编号顺序依次弄清物料的名称、流向顺序，进一步确认前面的判断是否正确，如此反复，直至全部了解。

4）读图后进行归纳与总结，是提高读图水平的有效措施。通过归纳和总结不仅可以帮助我们充分了解自己是否确实读懂了图纸，而且通过图纸的阅读弄清楚了车间管道布置的确切情况，同时，还能了解工艺设计中应当考虑和注意的很多事项。例如相邻设备的间距，管道、仪器仪表安装必须遵守的基本原则，等等。还可以发现图纸中存在的不合理之处或是遗漏、错误之处。只有多阅读、多总结，才能使自己的读图水平不断提高，从而适应不同层次的要求。

　　(13) 施工安全、环境卫生有无保证。

　　(14) 图纸是否符合监理大纲所提出的要求。

## 4.2　图纸会审技巧

　　工程开工之前，需识图审图，再进行图纸会审工作。如果有识图审图经验，掌握一些要点，则可以事半功倍。识图审图的顺序是：熟悉拟建工程的功能；熟悉审查工程平面尺寸；熟悉审查工程立面尺寸；检查施工图中容易出错的部位有无出错；检查有无改进的地方，见图 4-14～图 4-16。

图纸到手后，首先了解本工程的功能是什么，是车间还是办公楼?是商场还是宿舍?了解功能之后，再联想一些基本尺寸和装修，特别是满足设备安装的需要，等等。最后识读建筑说明，熟悉工程装修情况

图 4-14　图纸会审会议

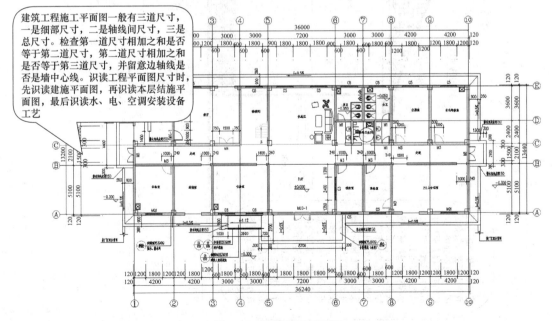

建筑工程施工平面图一般有三道尺寸，一是细部尺寸，二是轴线间尺寸，三是总尺寸。检查第一道尺寸相加之和是否等于第二道尺寸，第二道尺寸相加之和是否等于第三道尺寸，并留意边轴线是否是墙中心线。识读工程平面图尺寸时，先识读建施平面图，再识读本层结施平面图，最后识读水、电、空调安装设备工艺

图 4-15　建筑施工平面图

## 4 图纸会审

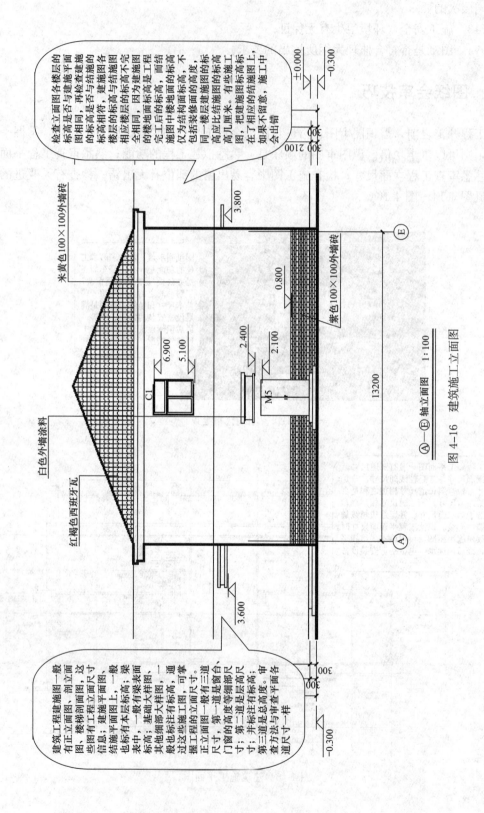

图4-16 建筑施工立面图

Ⓐ—Ⓔ轴立面图 1:100

建筑工程建筑施工一般正立面图建施、剖立面图、楼梯剖面图，这些图有建筑工程立面图；建施平面图上，一般也标本层标高，其他也标注本层尺寸中，一般有梁面表标高；基础大样图，梁面标高等细部尺寸，一般也标注施工图，通过这些施工图尺寸，可掌据正立面图的立面尺寸，第一道是窗台、门窗的立面等尺寸；第二道是窗层高尺寸；第三道是总高度。审查方法是与审查平面图各道尺寸一样

检查立面图各楼层的标高是否与楼层平面图相同，再检查各建施的标高是否与结施的标高相符，建筑施工各楼层的标高与施工图完全相同，因为同一楼层的楼层地面的标高；而结施工后的楼地面的标高，与建施图中楼面的标高，不包括一楼结构面的高度，同一楼层建施图的标高仅为结施图的标高，有些施工高应比结施图标高高几厘米。把建筑施工图，在丁相应的结施图上，如果不留意，施工中会出错

米黄色100×100外墙砖

紫色100×100外墙砖

白色外墙涂料

红褐色西班牙瓦

C1
6.900
5.100

2.400
M5
2.100

3.800

0.800

±0.000
−0.300

13200

300 2100 300

3.600

300
300

−0.300

134

### 4.2.1 检查施工图中容易出错的地方有无出错

（1）检查女儿墙混凝土压顶的坡向是否朝内，见图4-17。

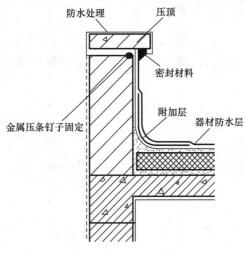

图4-17 女儿墙压顶

（2）检查砖墙下是否有梁，见图4-18。

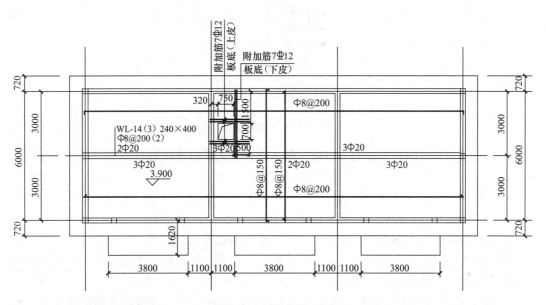

图4-18 梁结构施工图

（3）结构平面图中的柱，在柱表中是否全标出了配筋情况，见图4-19、图4-20。

（4）检查主梁高度有无低于次梁高度的情况。

（5）梁板柱在跨度相同或相近时，有无配筋相差较大的地方；若有，需验算，见图4-21。

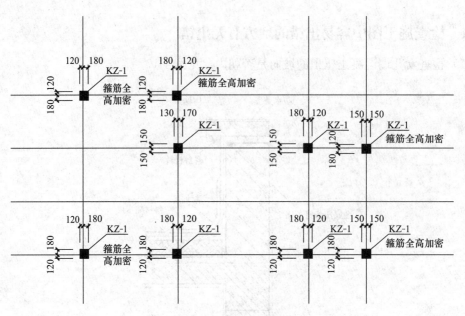

图 4-19　柱结构施工图

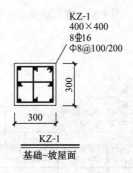

图 4-20　柱表施工图

（6）当梁与剪力墙布置在同一直线上时，检查有无梁的宽度超过墙的厚度的情况，见图 4-22。

（7）当梁分别支承在剪力墙和柱边时，检查梁中心线是否与轴线平行或重合，检查梁宽有无凸出墙或柱外；若有，应提交设计处理。

（8）检查梁的受力钢筋最小间距是否满足施工验收规范的要求。

（9）检查室内出露台的门上是否设计有雨篷，检查结构平面图上雨篷的中心线是否与建施图上门的中心线重合，见图 4-23、图 4-24。

（10）设计要求与施工验收规范要求有无不同，如柱表中常说明，每侧柱筋少于 4 根可在同一截面搭接；但施工验收规范要求，同一截面钢筋搭接面积不得超过 50%。

检查结构说明与结构平面大样梁柱表中内容以及与建施说明有无存在相矛盾之处。

（11）单独基础系双向受力，沿短边方向受力的钢筋一般置于沿长边方向受力的钢筋上面，检查施工图的基础大样图中钢筋是否画错，见图 4-25。

（12）建筑、结构说明有无互相矛盾或者意图不清楚的地方。

（13）建筑、结构图中轴线位置是否一致，相对尺寸是否标注清楚，见图 4-26、图 4-27。

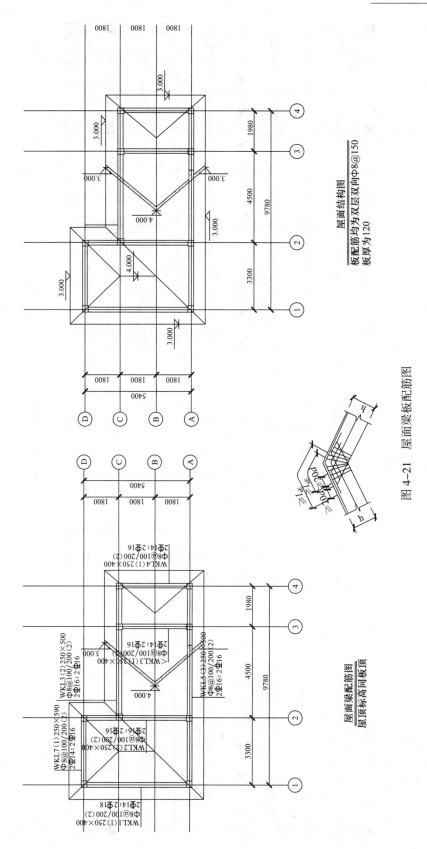

图 4-21 屋面梁板配筋图

137

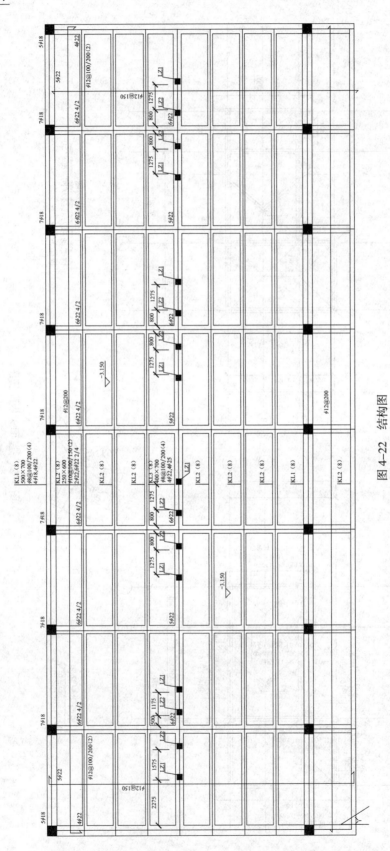

图 4-22 结构图

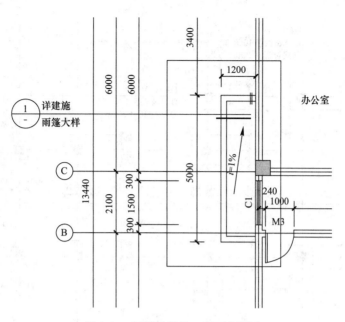

图 4-23 雨篷建筑施工平面布置图

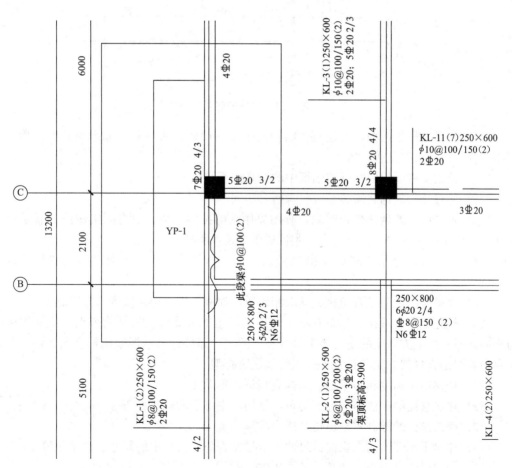

图 4-24 雨篷结构施工平面布置图

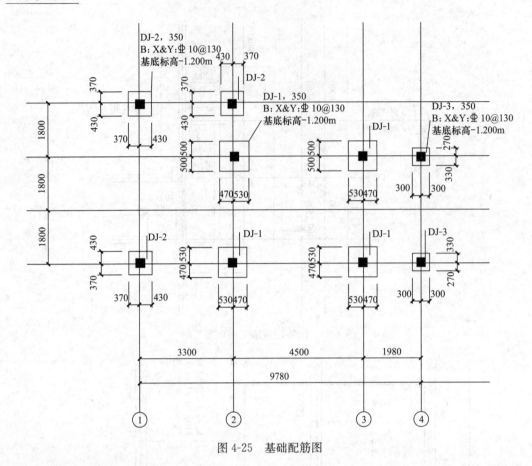

图 4-25 基础配筋图

（14）如果是框架结构，看建筑、结构图中梁柱尺寸是否一致，如果是砖混结构，看墙厚、构造柱的布置是否一致。

（15）核定交桩以后的标高与图纸中的标高是否一致。

（16）检查建筑装饰装修表是否包含所有房间。

（17）查看门窗的做法是否明确，有图集做法的按照图集，没有图集做法的看是否有大样，大样中开启方向、玻璃材质、龙骨材质等是否明确。

（18）一般设计容易疏忽的是窗台做法、窗帘盒做法、门窗的材质、门垛尺寸，见图 4-28。

（19）看结构图说明是否与相关标准相矛盾，如有矛盾，协商按哪个标准施工。

（20）从施工角度考虑，是否有施工难度大甚至不可能施工的结构节点，比如坡屋面与平屋面相交的地方，梁的交叉施工最容易出问题。如果自己掌握地比较全面的话，要检查室内管线是否打架，尤其是室外工程管线是否打架。

（21）楼梯踏步高度和数量是否与标高相符，见图 4-29。

（22）建筑立面图中的结构标高是否与结构图中每层的标高相符。

（23）檐口部位的标高容易出错，适当注意。

（24）建筑平面图中的门窗洞口尺寸、数量是否与门窗表中的尺寸、数量相符。

（25）构造做法是否交代清楚，见图 4-30。

（26）顶棚、墙面、墙裙、踢脚、地面等装修做法是否协调，见表 4-1。

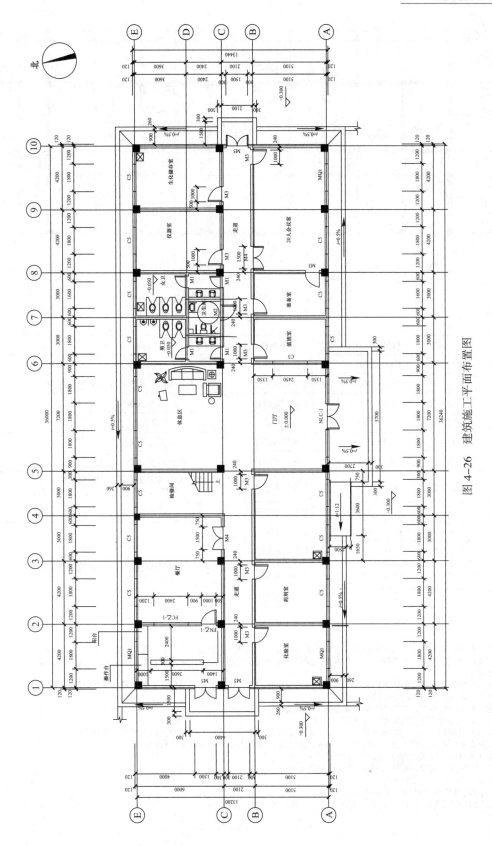

图 4-26 建筑施工平面布置图

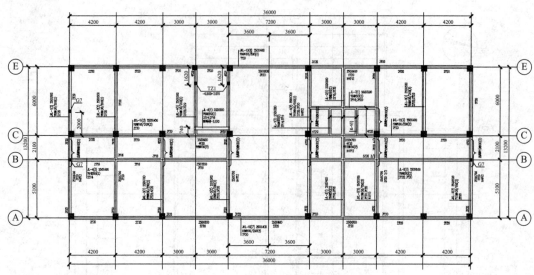

图 4-27  结构施工平面布置图

门窗表

| 类型 | 设计编号 | 洞口尺寸(mm) | 数量 | 图集名称 | 备注 |
|---|---|---|---|---|---|
| 防火门 | FM乙-1 | 1000×2100 | 1 | 专业厂家制作 | 乙级防火门 |
| 普通门 | M1 | 800×2100 | 9 | 专业厂家制作 | 非隔热金属铝合金玻璃门（6厚钢化玻璃） |
| | M2 | 1000×2100 | 1 | 专业厂家制作 | 木框夹板门 |
| | M3 | 1000×2100 | 17 | 专业厂家制作 | 高级木门 |
| | M4 | 1500×2100 | 6 | 专业厂家制作 | 对开木框夹板门 |
| | M5 | 1500×2100 | 3 | 专业厂家制作 | 高级防盗、节能外门 |
| 组合门 | MLC-1 | 5400×2700 | 1 | 专业厂家制作 | 断热铝合金单框普通中空玻璃门窗（5+12+3 Low-E中空玻璃） |
| 防火窗 | FC乙-1 | 2400×1800 | 1 | 专业厂家制作 | 乙级防火窗 |
| 普通窗 | C1 | 1500×1800 | 2 | 专业厂家制作 | 断热铝合金单框普通中空玻璃门窗（5+12+3 Low-E中空玻璃） |
| | C2 | 1800×1800 | 16 | 专业厂家制作 | |
| | C3 | 2400×1900 | 1 | 专业厂家制作 | |
| | C4 | 5400×1800 | 1 | 专业厂家制作 | |
| | MQ1 | 1800×6000 | 2 | 专业厂家制作 | |

附注：
1.门窗开启线的表示方法：实线表示外开，虚线表示内开，实线加虚线表示双向开启，箭头表示推拉窗，无线表示固定扇。
2.门窗生产厂家应由甲乙双方共同认可，厂家负责提供安装详图，并配套提供五金配件，预埋件位置视产品而定，但每边不得少于两个。
3.防火疏散门和防火墙上的防火门应在门的疏散方向安装单向闭门器，管道检修门应安装暗藏式插销以防误开。
4.卫生间、浴室、厨房的门应做防腐处理。
5.门窗安装应满足强度、热工、声学及安全性等技术要求。
6.门窗幕墙安装均需待现场实测后方可加工安装。
7.门窗表和门窗幕墙详图尺寸均为洞口尺寸，石材金属板装修线详见详图，内门窗洞边根据洞口装修面厚度而定。
8.内门大小、样式以室内设计图纸为准，防火窗门等级以本图为准，样式以室内设计为准。
9.所有外墙窗玻璃均采取措施（限位器）防止掉落。
10.高度为3000mm的窗，每隔3000mm均应作加强竖挺。
11.单扇玻璃＞1.5m²，采用安全玻璃。
12.木工程玻璃均为5+12+3mmLow-E中空玻璃。
13.玻璃幕墙本图纸仅为示意，应由具有专业资质的单位另行设计并施工。

图 4-28  门窗做法表

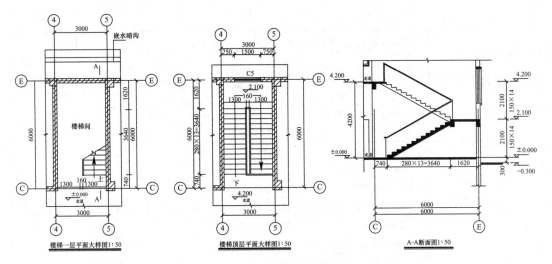

图 4-29 楼梯间大样图

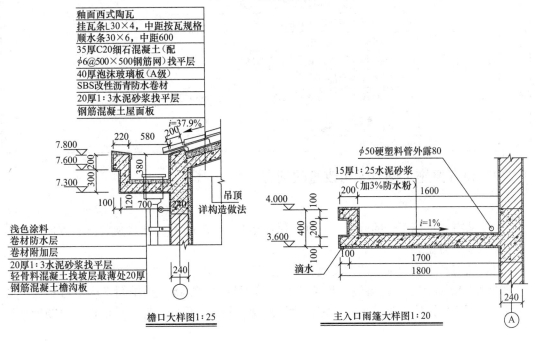

图 4-30 檐口、雨篷构造做法

**构造做法**                    表 4-1

| 踢脚 | 面砖踢脚 | 1. 10mm 厚面砖，水泥浆擦缝，面砖高 120mm，同地面砖 | 所有踢脚 | 踢脚 120mm |
|---|---|---|---|---|
| | | 2. 3mm 厚 1:1 水泥砂浆加水重 20% 的建筑胶镶贴 | | |
| | | 3. 17mm 厚 1:3 水泥砂浆 | | |
| | | 4. 墙基层 | | |
| 顶棚 | 纸面石膏板吊顶 | 参 15J909，DP10 页棚 14A | 除卫生间外所有顶棚 | 吊顶高度一层：3.6m；二、三层 3.0m，尺寸 600mm×600mm |
| | 铝方板吊顶 | 参 15J909，DP10 页棚 14A | 卫生间 | |

续表

| | | | | |
|---|---|---|---|---|
| 地面 | 陶瓷地砖地面（一） | 1. 10mm 厚地砖，干水泥擦缝，800mm×800mm 米色玻化砖 | 值班室、门厅、过道、餐厅、休息区、办公室、准备室、会议室、楼梯间 | 地砖规格、色彩，甲方可自定 |
| | | 2. 20mm 厚，1∶4 干硬性水泥砂浆 | | |
| | | 3. 素水泥砂浆结合层一遍 | | |
| | | 4. 80mm 厚 C15 混凝土 | | |
| | | 5. 素土夯实 | | |
| | 陶瓷地砖地面（二） | 1. 10mm 厚防滑地砖面层，干水泥擦缝，300mm×300mm 米色防滑地砖 | 卫生间、厨房 | 地砖规格、色彩，甲方可自定 |
| | | 2. 20mm 厚地砖，1∶4 干硬性水泥砂浆 | | |
| | | 3. 12mm 厚聚合物水泥防水涂料，刷基层处理剂一遍 | | |
| | | 4. 最薄处 15mm 厚 1∶3 水泥砂浆找地层抹平 | | |
| | | 5. 80mm 厚 C15 混凝土 | | |
| | | 6. 素土夯实 | | |
| | 环氧树脂自流平地面 | 1. 15mm 厚无溶剂环氧面涂层 | 化验室、药剂室 | |
| | | 2. 10mm 厚无溶剂环氧中涂层 | | |
| | | 3. 无溶剂环氧底涂一遍 | | |
| | | 4. 40mm 厚 C25 细石混凝土，随打随抹光 | | |
| | | 5. 素水泥浆结合层一遍 | | |
| | | 6. 20mm 厚 1∶2.5 水泥砂浆掺入水泥用量 5% 和防水剂 | | |
| | | 7. 80mm 厚 C15 混凝土 | | |
| | | 8. 素土夯实 | | |

## 4.2.2 审查原施工图有无可改进的地方

主要从有利于该工程的施工、有利于保证建筑质量、有利于建筑美观三个方面对原施工图提出改进意见。

（1）从有利于工程施工的角度提出改进施工图意见。

1）结构平面图上会出现连续框架梁相邻跨度较大的情况，当中间支座负弯矩筋分开锚固时，会造成梁柱接头处钢筋太密，浇捣混凝土困难，可向设计人员建议：负筋能连通的尽量连通。

2）当支座负筋为通长时，会造成跨度小、梁宽较小的梁面钢筋太密，无法浇捣混凝土，建议在保证梁负筋的前提下，尽量保持各跨梁宽一致，只对梁高进行调整，以便于面筋连通和浇捣混凝土。

3）当结构造型复杂，某一部位结构施工难以一次完成时，向设计提出：混凝土施工缝如何留置，见图 4-31。

4）露台面标高降低后，若露台中间有梁，且此梁与室内相通时，梁受力筋在降低处是弯折还是分开锚固，请设计明确。

（2）从有利于保证建筑质量的角度提出改进施工图意见。

1）当设计顶棚抹灰与墙面抹灰均为 1∶1∶6 混合砂浆时，建议将顶棚抹灰改为 1∶1∶4 混合砂浆，以增加粘结力。

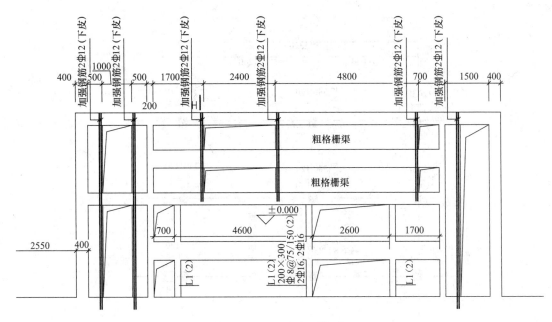

图 4-31　沉砂池配筋图

2）当施工图上未注明电梯井坑、卫生间沉池、消防水池的防水施工要求时，建议在坑外壁、沉池和水池内壁增加水泥砂浆防水层，以提高防水质量，见图 4-32。

图 4-32　卫生间水泥砂浆防水层

（3）从有利于建筑美观的角度提出改进施工图意见。

1）若出现露台的女儿墙与外窗相接时，检查女儿墙的高度是否高过窗台；若是，则相接处不美观，建议设计处理。

2）检查外墙饰面分色线是否连通，若不连通，建议到阴角处收口；当外墙与内墙无明显分界线时，询问设计，外墙装饰延伸到内墙何处收口最为美观，外墙凸出部位的顶面和底面是否同外墙一样装饰。

3）当柱截面尺寸随楼层的升高而逐步减小时，若柱凸出外墙成为立面装饰线条时，为使该线条上下宽窄一致，建议不缩小凸出部位的柱截面。

4）当柱布置在建筑平面砖墙的转角处，而砖墙转角小于90°时，若结构设计仍采用方形柱，建议根据建筑平面将方形柱改为多边形柱，以免柱角凸出墙外，影响使用和美观，见图 4-33。

5）当电梯大堂（前室）左边有一框架柱凸出墙面10～20cm时，检查右边框架柱是否凸出相同尺寸，若不是，建议修改成左右对称。

（4）按照"熟悉拟建工程的功能→熟悉、审查工程平面尺寸→熟悉、审查工程立面尺寸→检查施工图中容易出错的部位有无出错→检查有无需要改进的地方"的程序和思路，有计划、全面地展开识图、审图工作。

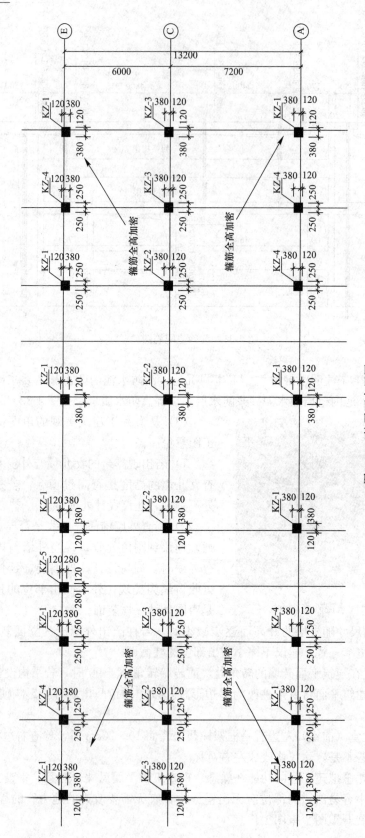

图 4-33 柱平面布置图

## 4.3 图纸会审程序

图纸会审应在开工前进行。如施工图纸在开工前未全部到齐，可先进行分部工程图纸会审，见图 4-34、图 4-35。

图 4-34 现场图纸会审

### 4.3.1 监理工程师施工图审核的主要原则（监理机构的）

（1）是否符合有关部门对初步设计的审批要求。
（2）是否对初步设计进行了全面、合理的优化。
（3）安全可靠性、经济合理性是否有保证，是否符合工程总造价的要求。
（4）设计深度是否符合设计阶段的要求。
（5）是否满足使用功能和施工工艺要求。

### 4.3.2 监理工程师进行施工图审核的重点

（1）图纸的规范性
1）技术部出的所有图纸都要配备图纸封皮、图纸说明、图纸目录。
①图纸封皮须注明工程名称、图纸类别（方案图、施工图、竣工图）。
②图纸说明须进一步说明工程概况、工程名称、建设单位、施工单位、设计单位或建筑设计单位等。
2）每张图纸须编制图名、图号、比例、时间。
3）打印图纸按比例出图。
（2）建筑功能设计
满足使用功能要求是建筑设计的首要任务。例如设计学校时，首先要考虑满足教学活动的需要，教室设置应分班合理，采光、通风良好，同时还要合理安排教师备课、办公、储藏和厕所等行政管理和辅助用房，并配置良好的体育场馆和室外活动场地等。

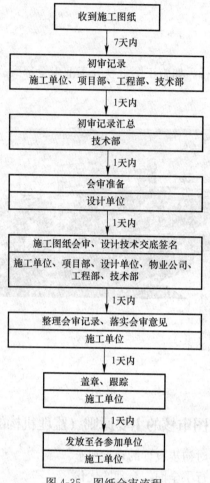

图 4-35　图纸会审流程

（3）建筑造型与立面设计

随着人们对建筑舒适要求的提高，建筑设计审美要求也在提高，不仅是对内在居住环境的要求在提升，对外立面和建筑造型的审美也在提升，建筑造型和外立面设计成为建筑工程设计的重要组成部分。

（4）结构安全性

混凝土结构因钢筋锈蚀或混凝土腐蚀导致的结构安全事故的危害很严重，其严重程度早已超过了因结构构件承载力安全水平设置偏低所造成的危害，这是应该被重视的问题，有关部门也制定了规范规定与安全性相关的要求，例如保护钢筋免遭锈蚀的混凝土保护层最小厚度和混凝土的最低强度等级等，但是都显著低于国外的相关规范。从某种程度上来讲，提高结构构件承载能力的安全设置水平也是对结构的耐久性和使用寿命很有益的。

（5）材料代换的可能性

材料代换是设计开发过程中常见的一种方法，是在不影响结构安全的前提下用一种材料取代另一种材料，这也是应用最为广泛的一种方法。

（6）各专业协调一致情况

土建与机电是否一致，如地下室集水坑数量、位置等是否一致。

（7）施工可行性

设计单位给出的施工图，能否满足施工所具备的条件，例如是否存在设计并不清楚现场施工的条件而造成的施工难度增大或无法施工的情况。

## 4.4 图纸会审注意事项

图纸会审是施工前的一个重要步骤，是关系今后施工能否顺利进行的一个关键程序，下面就施工中的一些体会，浅谈图纸会审中容易发生的一些问题，见图4-36。

图 4-36　图纸会审注意事项

### 4.4.1 图纸会审校对原则

（1）能按建筑设计意图将结构骨架搭建起来。

（2）在搭建过程中注意不与建筑、设备发生冲突，做到不错不漏、不碰不缺。

（3）注意结构自身的合理性，不合理的要与建筑协商解决。将设计意图表示完全、表达清楚。

（4）一套图的设计参数是否统一。

### 4.4.2 图纸会审校对顺序

图面→模板→配筋→说明，检查完一项打一个钩。

### 4.4.3 图纸会审图面校对

图纸会审图面校对，见图4-37。

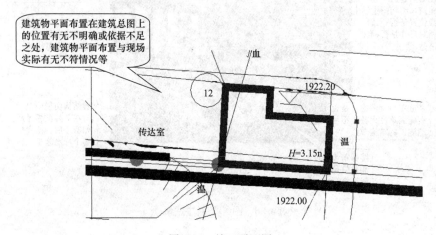

图 4-37 图纸会审图面校对

是否有多余文字、尺寸线和轴线；轴线、梁线等线型是否正确，线宽是否合适

图签中图名、图号、工程名称、出图时间是否正确。文字表达是否通顺

文字是否被重叠、被覆盖。出图比例是否异常，所注比例是否正确

墙、柱、后浇带等是否有漏、多余填充或错误填充；不同类型是否用了相同的填充式样

是否有异常文字和标注(如文字为乱码，大小不统一，标注尺寸与实际长度不符或非整数)

## 4.4.4 图纸会审审查内容

(1) 建筑部分 (图 4-38)

建筑物平面布置在建筑总图上的位置有无不明确或依据不足之处，建筑物平面布置与现场实际有无不符情况等

传达室

温

温

12

$H$=3.15n

1922.20

1922.00

图 4-38 施工平面图

(2) 先小后大

先看小样图再看大样图，核对平、立、剖面图中标注的细部做法与大样图的做法是否相符；所采用的标准构配件图集编号、类型、型号与设计图纸有无矛盾；索引符号是否存在漏标；大样图是否齐全等，见图 4-39、图 4-40。

(3) 先建筑后结构

就是先看建筑图，后看结构图；并把建筑图与结构图相互对照，核对其轴线尺寸、标高是否相符，有无矛盾，核对有无遗漏尺寸，有无构造不合理之处，见图 4-41、图 4-42。

(4) 先一般后特殊

应先看一般的部位和要求，后看特殊的部位和要求。特殊部位一般包括地基处理方法，变形缝的设置，防水处理要求和抗震、防火、保温、隔热、隔声、防尘、特殊装修等技术要求，见图 4-43、图 4-44。

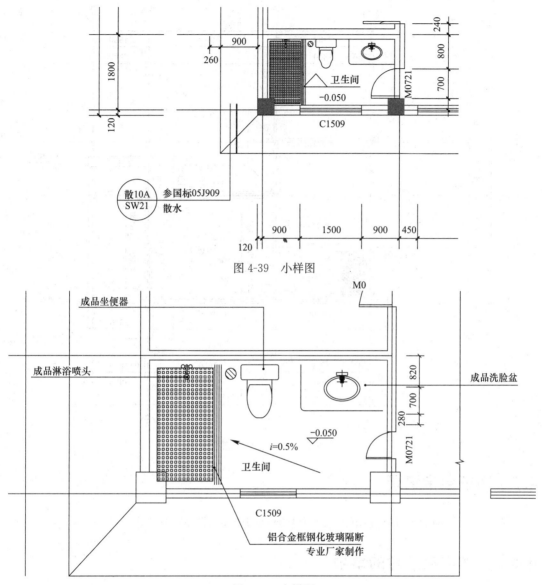

图 4-39 小样图

图 4-40 大样图

（5）图纸与说明结合

在看图纸时要对照设计总说明和图中的细部说明，核对图纸和说明有无矛盾，规定是否明确，要求是否可行，做法是否合理等。见表4-2、图4-45。

（6）土建与安装结合

在看土建图时，应有针对性地看一些安装图，并核对与土建有关的安装图有无矛盾，预埋件、预留洞、槽的位置、尺寸是否一致，了解安装对土建的要求，以便考虑施工中的协作问题，见图4-46、图4-47。

（7）图纸要求与实际情况结合

就是核对图纸有无不切合实际之处，如建筑物相对位置、场地标高、地质情况等是否与设计图纸相符；对一些特殊的施工工艺施工单位能否做到等。为了做好设计图纸的会审工作、提高设计图纸的质量，应尽量减少在施工过程中发现设计图纸存在的问题。

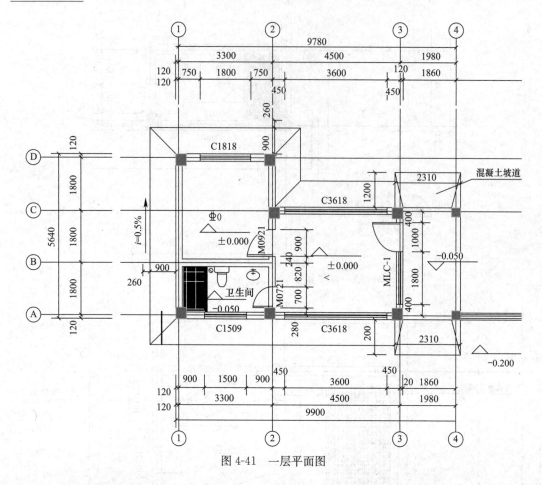

图 4-41　一层平面图

## 4.5　图纸会审记录

图纸会审后应有施工图会审记录，其中应标明的内容见图 4-48。

## 4.6　工作中应注意的事项

（1）施工单位应以谦虚、配合、学习、和谐的态度参加图纸会审会议。根据建设单位、设计单位、监理单位的组织能力和协调能力提供必要的服务，促使图纸会审圆满完成。

（2）图纸会审记录是施工文件的组成部分，与施工图具有同等效力，所以图纸会审记录的管理办法和发放范围同施工图的管理办法和发放范围，并应认真实施。

## 4.7　图纸的审查

在进行图纸会审前，首先要核对图纸目录，检查图纸页数是否足够，有无缺页现象；其次审查图纸设计人员及设计单位图戳是否齐全，具有人防功能的建筑还要审查是否有人防站的图戳，在以上条件都满足的情况下，进行图纸会审。另外，无论进行哪个专业的图纸审查时，都要先熟读说明，以便于对整个工程有一个初步的了解。

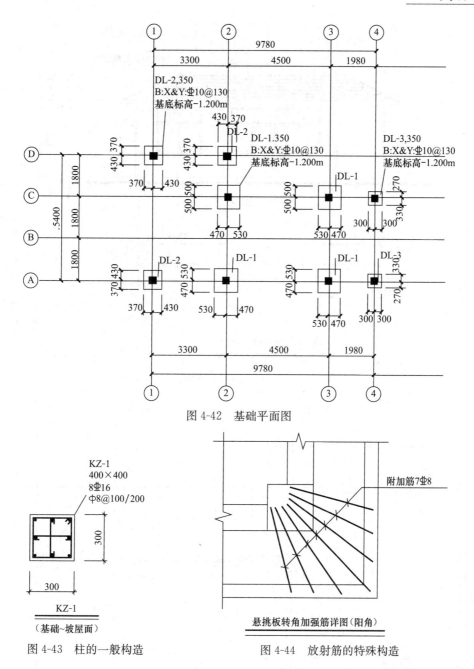

图 4-42 基础平面图

KZ-1
400×400
8Φ16
φ8@100/200

300

300

KZ-1
（基础~坡屋面）

图 4-43 柱的一般构造

附加筋7Φ8

悬挑板转角加强筋详图（阳角）

图 4-44 放射筋的特殊构造

| | | 屋面构造做法 | | 表 4-2 |
|---|---|---|---|---|
| 屋面 | 釉面西式陶瓦坡屋面 | 1. 釉面西式陶瓦 | 所有屋面 | 红褐色西班牙屋面瓦 |
| | | 2. 挂瓦条∟30mm×4mm，中距按瓦规格 | | |
| | | 3. 顺水条—30mm×6mm，中距 600mm | | |
| | | 4. 35mm 厚 C20 细石混凝土（配 φ6@500mm×500mm 钢筋网） | | |
| | | 5. 70mm 厚半硬质矿岩棉板 | | |
| | | 6. 3mm 厚 SBS 改性沥青防水卷材（Ⅱ型） | | |
| | | 7. 20mm 厚 1：3 水泥砂浆找平 | | |
| | | 8. 钢筋混凝土坡屋面板，在檐口和屋脊处预埋 φ10 锚筋各一排，纵向间距 1500 | | |

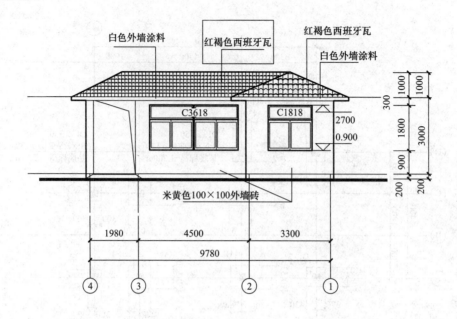

图 4-45 建施墙面做法

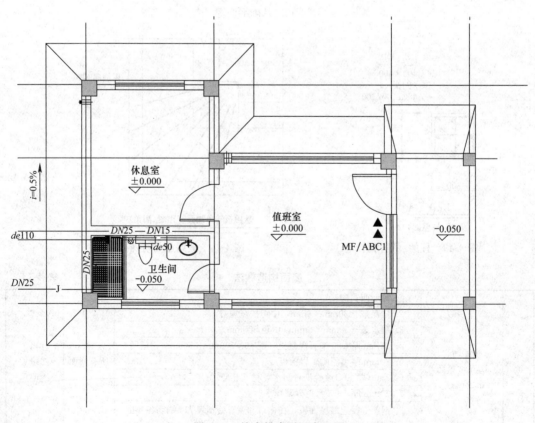

图 4-46 给水排水平面布置图

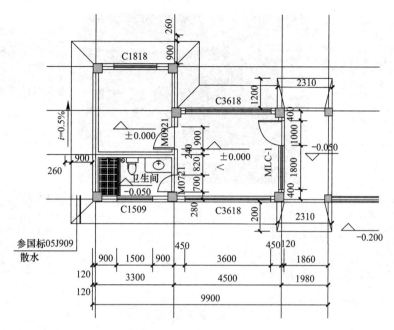

图 4-47　建筑平面布置图

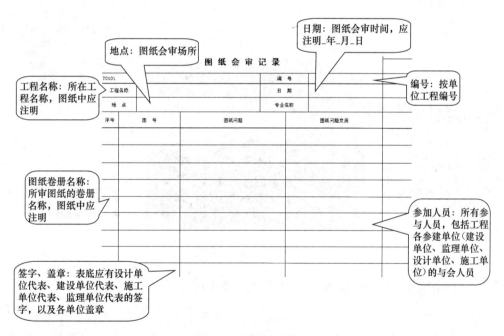

图 4-48　图纸会审记录

## 4.7.1　建筑图的审查

建筑图的审查，见图 4-49。

审查各层平面图中同一轴线标注是否对应。查看是否有同轴线错位标注的现象，是否有不同层平面在相同轴线间尺寸标注不一致的现象，特别要注意上下层墙、柱、梁的位置变化而引起轴线编号的改变部位，弄清变化后的轴线尺寸关系是否一致

审查各层平面图中门位置、洞口尺寸是否一致。在实际施工中，经常看到在装饰阶段有凿窗边、补窗洞的返工现象，大部分是由于在图纸会审时没有发现图纸问题引起的

审查每层平面图中的尺寸、标高是否标注准确、齐全、清晰。主要看细部尺寸是否与轴线间距相符，分项尺寸是否与总体尺寸相符，门窗洞口尺寸是否与门窗表一致，洞口的位置、开闭方向是否与该房间内的家具、水、电等设备器具相协调，人的进出是否方便，采光通风是否良好

审查平面图中的大样图与索引详图是否相符、大样图与节点剖面图是否相符。这些整体与细部的图示，经常发生矛盾或不一致，也容易被设计、施工所忽视

图 4-49　建筑图的审查

## 4.7.2　结构图的审查

结构图的审查，见图 4-50。

楼层结构图的审查，同样重点审查上下层结构图轴线是否存在错位，门窗洞口位置是否存在错位等矛盾。尺寸标注、标高标注是否齐全、无误。各种结构件配筋标注是否编写齐全，有无漏注、漏配

基础结构图的审查，主要审查基础图的轴线编号、位置是否与上部结构图、建筑图相符。基础柱、承台、基础梁的布置及断面尺寸、标高是否与上部结构图、建筑图统一。基础柱、墙、梁、板的编号及配筋标注是否齐全、准确无误，受力结构配筋是否合理、充足

审查结构图上预留孔洞、预埋钢筋、结构施工缝的留设是否有注明及特殊要求，这些部位是否有加强构造做法

图 4-50　结构图的审查

## 4.7.3　土建施工图与水电施工图是否统一的审查

（1）土建中墙、柱、梁等是否影响卫生器具、消防设备、灯具、电气器具设备及水电管线的安装。框架结构中，有时候水卫设计未考虑结构柱对卫生器具安装和使用的影响，而现场实际施工时，结构柱的尺寸会影响到器具安装应达到的尺寸。消防箱一般设置在楼梯间，应对照土建施工图，看楼梯梁或构造柱是否会影响消防箱的安装。电气施工应注意土建施工图中梁的位置是否影响电气器具的对称布置、光照度等，同时要考虑梁是否会影响吊扇的安装。这些问题如不在施工前提出来，并提出解决方法，就会在后期施工中造成设计变更，给业主或施工单位带来一定的损失，见图 4-51、图 4-52。

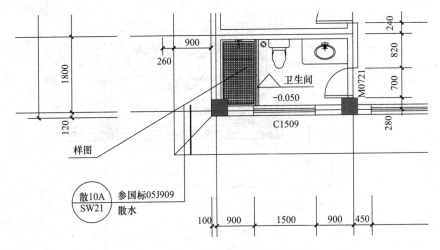

图 4-51  卫生间建筑平面布置图

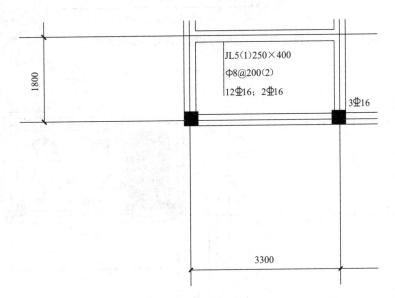

图 4-52  卫生间梁结构平面布置图

（2）水电施工图中设备器具用房设置的位置、尺寸及工艺要求，与土建施工图中的设计要求是否统一。如消防控制室的门应向疏散方向开启，并应在入口处设置明显的标志，而土建设计中要看门的开启方向是否达到上述要求。泵房预埋件土建施工图是否与水电施工图中的尺寸、位置一致，见图 4-53～图 4-56。

（3）管道的布置是否影响装修效果。如排水管道，当横管很长时，由于规范要求总管与主管之间要有一定的高差，再加上管道坡度，沿管道坡度方向到管道的最末端时，高差很大，会影响整体装修高度。图纸会审时提出来，可以采用放套管及局部改变装修方案等方法加以解决，避免出现这种"因点误面"的情况。

（4）土建施工图中轴线、墙中线、柱中线、梁中线等是否与水电施工图统一。电气配管、水卫预留洞等必须注意这些尺寸。从总体来说，施工单位应着重于图纸自身的问题并结合实际需要进行审阅，建设单位则对使用功能提出合理的要求。图纸会审后，由施工单

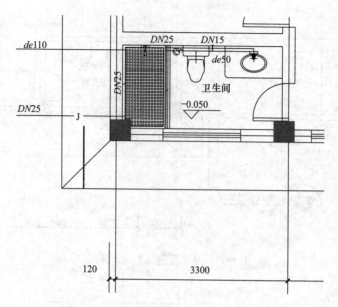

图 4-53　卫生间给水排水安装平面布置图

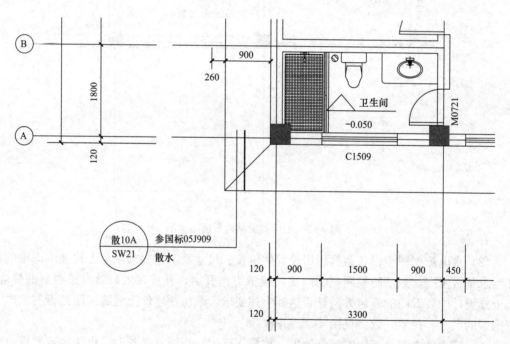

图 4-54　卫生间建筑平面布置图

位对会审中的问题进行归纳整理，建设、设计、施工及其他与会单位进行会签，形成正式会审纪要，作为施工文件的组成部分。图纸会审纪要应包括：会议时间与地点；参加会议的单位和人员；建设单位、施工单位和有关单位对设计上提出的要求及需修改的内容；为便于施工，施工单位要求修改的施工图纸，其商讨的结果与解决的办法；在会审中尚未解决或需进一步商讨的问题；其他需要在纪要中说明的问题等。

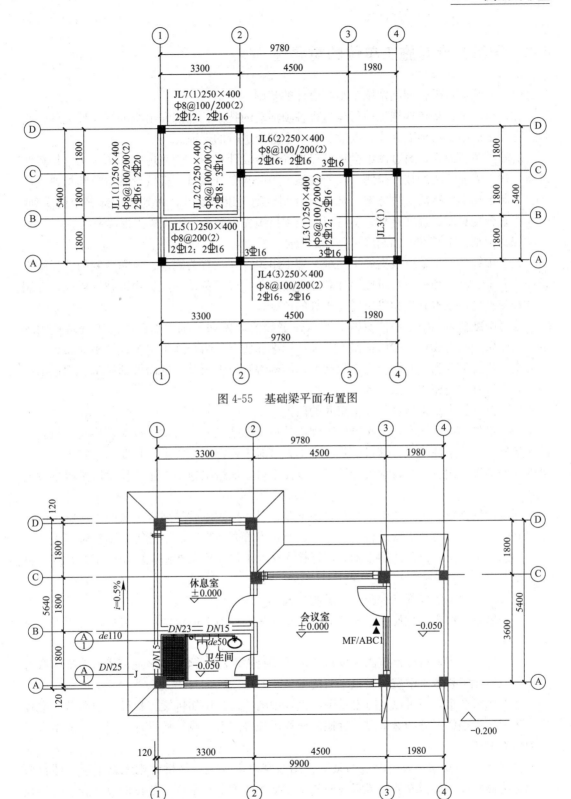

图 4-55　基础梁平面布置图

图 4-56　给水排水安装平面布置图

## 4.8 图纸会审对施工单位的重要性

（1）图纸会审是合理制定施工组织设计的基础

施工组织设计是指导施工项目全过程各项活动的技术、经济和组织的综合性文件，它是工程开工后施工活动能有序、高效、科学合理地进行的保证。

对施工单位而言，通过图纸会审可以准确领会设计意图，全面理解和掌握工程特点及难点，找出需要解决的技术难题，以便在施工中结合自身人员、机械设备情况和材料供应情况，制定切实可行的解决方案，从而合理制定施工组织设计，做到施工部署全面周到、平面布置合理有序、进度计划切实可行、技术措施先进高效、重点难点保障有力。

（2）图纸会审是准确编制施工预算的依据

施工预算是施工单位根据施工图纸、施工组织设计及有关规范、定额编制的工程施工所需的人工、材料和机械台班使用计划，是施工单位进行劳动调配、物资技术供应、控制成本开支、进行成本分析和班组经济核算的依据。

通过图纸会审，施工单位明确了所承建工程的规模和范围，加深了对工程特点的理解，从而做到胸有成竹，然后根据工程设计标准和要求，结合施工组织设计平面布置、工艺方案、机械配置和材料供应等实际情况，准确编制施工预算，进而做到科学合理地组织施工，多快好省地完成项目任务。

（3）图纸会审是正确进行技术交底的前提

施工单位的技术交底，是在单位工程或分项工程施工前，由主管技术领导向参与施工的人员进行的技术性交代，其目的是使施工人员对工程特点、技术质量要求、施工方法与措施和安全等方面有一个较详细的了解，以便于科学地组织施工，避免技术质量等事故的发生。

通过图纸会审，可以使由于图纸说明不全、尺寸标注矛盾等因素造成的无法施工的问题得到解决；使新材料、新设备、新工艺、新技术等方面带来的不熟悉、不理解等无从下手的困惑得到解决，以便能够正确地进行技术交底工作，确保在施工中做到工艺合理、材料合格、操作正确、安全可靠。

（4）图纸会审是确保工程施工质量的关键

工程质量是决定工程使用品质的关键因素，是工程施工追求的第一目标，是图纸会审的主要目的。

通过图纸会审，可以使审图中发现的设计差错方面的问题得到解决，从而使施工有可靠依据，避免工程返工浪费及质量事故的发生。

通过图纸会审，还可以及时发现图纸设计中的差错，比如桥梁工程设计中荷载标准较低，未考虑近期的意外特殊情况、远期的交通增长等因素；或结构设计不周，造成不合理受力状态的产生。

2006 年，在安徽某公司承建的某工程图纸会审中发现，某桥台帽无调平层，即台帽支承面为倾斜面，梁板安装后梁板底面和支座接触面不是水平面。如按此设计施工，梁板在行车荷载的作用下将产生一个水平方向的分力，造成不合理受力状态，那么工程建成后，就有可能造成通车后的质量隐患，对人民生命健康和财产造成损失。由于进行了认真细致的图纸会审，才使这一差错得以及时发现和纠正，避免了工程质量事故的发生。

（5）图纸会审是工程变更的最佳时机和加快进度的有利环节

通过图纸会审，施工单位可以及时对审图中发现的设计要求与施工条件之间的矛盾等问题进行解决，以便工程施工顺利进行。

2009年，在安徽某公司承建的某改建工程图纸会审中发现，原雨水管道布置在两侧人行道下，而人行道工程并不在本期工程实施范围内。现场道路用地现状是，现设计的非机动车道处为原道路两侧排水明沟；规划设计的人行道处用地范围大部分是大棚蔬菜地和居民住房，其规划建设的拆迁工作为下一年度，若按原设计施工，雨水工程将无法实施。因此建议将雨水管道移至非机动车道下，一方面可以解决用地问题，另一方面可以减少开挖工程量，既加快了工程进度，降低了工程造价，又使工程质量不受影响。

由于把握了图纸会审时建设、监理、设计、施工几方面人员都在场和工程还未按原设计实施的最佳时机，及时地提出了工程变更且顺利得到批准实施，使得工程在未降低设计标准的前提下，加快了工程进度，降低了工程造价，创造了经济效益和社会效益的最大化。

另外，图纸会审是施工单位与建设、设计、监理几方参建单位熟悉、沟通、交流的好机会，是优秀施工企业体现技术实力的一次重要亮相。对施工单位来说，高度重视和认真做好这项工作，可以取得业主和监理的信任，为下一步的施工协调打下良好基础。

总之，在工程正式开工前由主要参建单位参加的图纸会审工作，对实现建设目标、规范工程施工、保证工程质量、加快工程进度、降低工程成本都将起到重要的作用，是施工单位不可或缺的一项工作。

# 5 竣工验收专项讲解

## 5.1 竣工验收

竣工验收指建设工程项目竣工后开发建设单位会同设计、施工、设备供应单位及工程质量监督部门，对该项目是否符合规划设计要求及建筑施工和设备安装质量进行全面检验，取得竣工合格资料、数据和凭证。

### 5.1.1 竣工验收程序

开发建设项目竣工验收程序，见图 5-1。

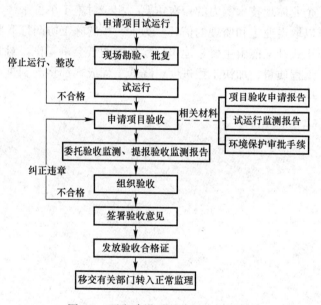

图 5-1 开发建设项目竣工验收程序

### 5.1.2 竣工验收对象

凡新建、扩建、改建的基本建设项目（工程）和技术改造项目，按批准的设计文件所规定的内容建成，符合验收标准的，必须及时组织验收，办理固定资产移交手续。

### 5.1.3 竣工验收依据

施工单位自检合格后，填写工程竣工报验单，报总监理工程师审查，建设单位在收到建设工程竣工报告后，所组织的一种检查活动称为竣工验收。根据《建设工程质量管理条例》，竣工验收应具备以下条件：

(1) 完成建设工程设计和合同约定的各项内容。

(2) 有完整的技术档案和施工管理资料。

其中，技术档案包括：

1）地质勘察报告及图纸，见图 5-2。

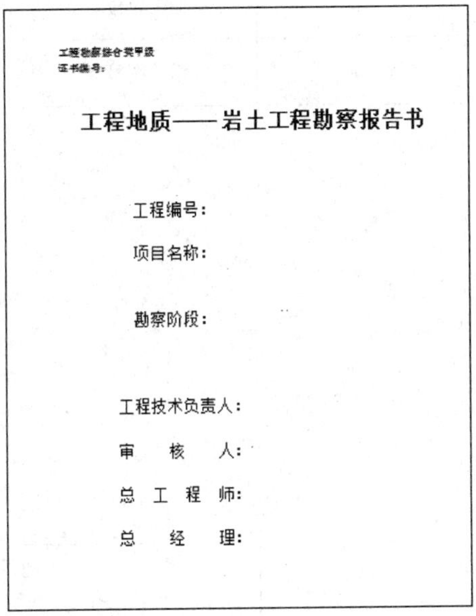

工程勘察综合资甲级
证书编号：

## 工程地质——岩土工程勘察报告书

工程编号：

项目名称：

勘察阶段：

工程技术负责人：

审 核 人：

总 工 程 师：

总 经 理：

图 5-2 地质勘察报告

2）施工图审查批准书（防雷、消防、抗震审核意见及答复）。

3）图纸会审记录，见表 5-1。

图纸会审记录　　　　　　　　　　　　表 5-1

编号：

| 工程名称 | | | | 共 页 第 页 | | |
|---|---|---|---|---|---|---|
| 地点 | | 记录整理人 | | 日期 | 年 月 日 | |
| 参加人员 | | | | | | |
| 序号 | 提出图纸问题 | | | 图纸修订意见 | | |
| | | | | | | |
| | | | | | | |
| | | | | | | |
| | | | | | | |
| | | | | | | |
| 技术负责人： | | 技术负责人： | | 技术负责人： | | 技术负责人： |
| 建设单位盖章 | | 设计单位盖章 | | 监理单位盖章 | | 施工单位盖章 |

4）设计变更通知单，见表 5-2。

设计变更通知单 表 5-2

| 工程名称 | | 变更单编号 | |
| --- | --- | --- | --- |
| 建设单位 | | 施工单位 | |
| 设计单位 | | 相关图号 | |
| 变更内容及简图： | | | |
| | | 设计人： 年 月 日 | |
| 设计单位意见：<br><br>签字（公章）<br><br>年 月 日 | | 建设单位验收：<br><br>签字（公章）<br><br>年 月 日 | |
| 施工图审批机构意见：<br><br>签字（公章）　　　　　　　　　　　　　　　　　年 月 日 | | | |

5）材料代用签证。

6）工作联系单，见表 5-3。

工作联系单　　　　表 5-3

| 工作联系单 | | 编号 | | | |
|---|---|---|---|---|---|
| 工程名称 | | 日期 | 年 | 月 | 日 |
| 致 | | | | | |
| 事由 | | | | | |
| 内容 | | | | | |
| 维护单位意见 | | | | | |
| 签字 | | | | | |
| 日期 | 年　月　日 | | | | |
| 发出单位名称 | | 单位负责人（签名） | | | |

注：重要工作联系单须加盖单位公章，相关单位各存一份。

7）施工组织设计（方案），见图 5-3。

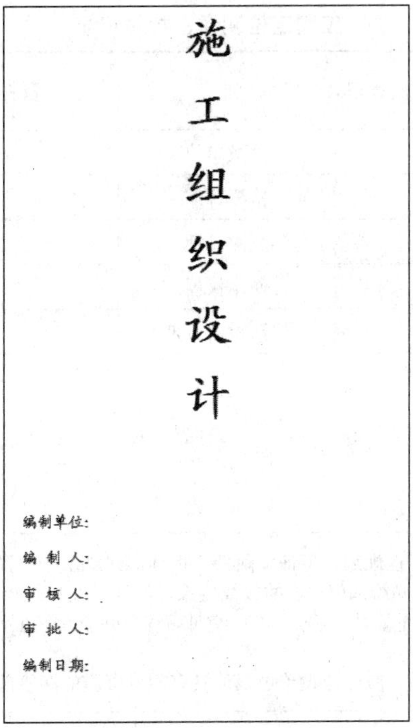
施工组织设计

编制单位：

编 制 人：

审 核 人：

审 批 人：

编制日期：

图 5-3　施工组织设计

8）技术交底记录，见表 5-4。

技术交底记录                    表 5-4

| 技术交底记录 | | 资料号 | |
|---|---|---|---|
| 工程名称 | | 交底日期 | 年 月 日 |
| 施工单位 | | 分项工程名称 | |
| 交底提要 | | | |
| 在施工项目开工前，工地专责工程师应根据施工组织专业设计、工程设计文件、设备说明书和上级交底内容等资料拟定技术交底大纲，对本专业范围的生产负责人、技术管理人员、施工班组长及施工骨干人员进行技术交底。交底内容是本专业范围内施工和技术管理的整体性安排。<br>内容包括：<br>(1) 工程概况及各项技术经济指标和要求；<br>(2) 主要施工方法，关键性的施工技术及实施中存在的问题；<br>(3) 特殊工程部位的技术处理细节及其注意事项；<br>(4) 新技术、新工艺、新材料、新结构施工技术要求与实施方案及注意事项；<br>(5) 施工组织设计网络计划、进度要求、施工部署、施工机械、劳动力安排与组织；<br>(6) 总包与分包单位之间互相协作配合关系及有关问题的处理；<br>(7) 施工质量标准和安全技术，尽量采用本单位所推行的工法等标准化作业 | | | |
| 签字栏 | 交底人 | 审核人 | |
| | 接受交底人 | | |

注：1. 本表由施工单位填写，交底单位与接受交底单位各保存一份；
    2. 当做分项工程施工技术交底时，应填写"分项工程名称"栏，其他技术交底可不填写。

9）工程定位测量、放线记录，见表 5-5。

工程定位测量、放线记录           表 5-5

| 工程定位测量、放线记录 | | 资料号 | |
|---|---|---|---|
| 工程名称 | | 测量单位 | |
| 图纸编号 | | 检测日期 | 年 月 日 |
| 坐标依据 | | 复测日期 | 年 月 日 |
| 高程依据 | | 使用仪器 | |
| 闭合盖 | | 仪器检定日期 | 年 月 日 |
| 定位抄测示意图 | | | |
| 抄测结果 | 测绘部门根据建设工程规划许可证（附件）批准的建筑工程位置及标高，测定出建筑的红线桩。<br>  施工测量单位应依据测绘部门提供的放线成果、红线桩及场地控制网（或建筑物控制网），测定建筑物位置、主控轴线及尺寸、建筑物±0.000 绝对高程，并填写《工程定位测量、放线记录》报监理单位审核。<br>  工程定位测量完成后，应由建设单位报请具有相应资质的测绘部门验线 | | |
| 见证单位 | | 见证人 | |

测量员：      记录员：      项目技术负责人：

                                  年 月 日

10）建筑物沉降观测记录，见表 5-6。

建筑物沉降观测记录 表 5-6

| 建筑物沉降观测记录 | | | | | | | | 资料号 | | |
|---|---|---|---|---|---|---|---|---|---|---|
| 工程名称 | | | | | 施工单位 | | | | | |
| 观测日期 | 年　月　日 | | | 年　月　日 | | | 年　月　日 | | | |
| 测点 | 相对高程（m） | 沉降量（mm） | | 相对高程（m） | 沉降量（mm） | | 相对高程（m） | 沉降量（mm） | | |
| | | 本次 | 累计 | | 本次 | 累计 | | 本次 | 累计 | |
| | | | | | | | | | | |
| | | | | | | | | | | |
| | | | | | | | | | | |
| | | | | | | | | | | |
| | | | | | | | | | | |
| | | | | | | | | | | |
| | | | | | | | | | | |
| | | | | | | | | | | |
| | | | | | | | | | | |
| | | | | | | | | | | |
| 期数 | | | | | | | | | | |
| 形象进度 | | | | | | | | | | |
| 备注 | | | | | | | | | | |
| 使用设备 | | | | | | | 观测人员 | | | |
| 观测单位 | | | | | | | 审核人员 | | | |
| 沉降观测点布置图 | 　　建筑物沉降观测应测定建筑物地基的沉降量、沉降差及沉降速度，并计算基础倾斜、局部倾斜、相对弯曲或构件倾斜。<br>　　沉降观测点的布置，应以能全面反映建筑物地基变形特征并结合地质情况及建筑结构特点确定。<br>　　沉降观测的标志，可根据不同的建筑结构类型和建筑材料，采用墙（柱）标志、基础标志和隐蔽式标志等形式。各类标志的立尺部位应加工成半球形或有明显的突出点，并涂上防腐剂。标志的埋设位置应避开雨水管、窗台线、电气开关等有碍设标与观测的障碍物，并应视立尺需要离开墙（柱）面和地面一定距离。隐蔽式沉降观测点标志的形式，可按有关规定执行。<br>　　沉降观测点的施测精度，应以所选定的测站高差中误差作为精度要求施测 | | | | | | | | | |

11）建筑物轴线、标高、全高、垂直度测量记录及结构尺寸复核记录。

12）楼梯入口处净高、楼梯段垂直度净高及扶手、窗台净高。

13）监督检查记录及复查记录。

14）质量事故（问题）情况、处理方案、施工方案及复查验收记录。

15）隐蔽工程验收记录，见表 5-7。

隐蔽工程验收记录       表 5-7

| 隐蔽工程验收记录 | | 资料号 | |
|---|---|---|---|
| 工程名称 | | | |
| 隐验项目 | | 隐验日期 | 年 月 日 |
| 隐验部位 | | 层   轴线   标高 | |

隐验依据：施工图图号 _____ ，设计变更/洽商（编号_____）及有关国家现行标准等。

主要使用材料名称及规格/型号：_____

隐验内容：_____

说明、图示或隐蔽前工程实物照片：

需进行隐蔽验收的工程：
(1) 地基验槽；
(2) 现场预制桩钢筋安装；
(3) 预制桩的接头；
(4) 混凝土灌注桩钢筋笼；
(5) 钢筋混凝土工程；
(6) 砌体工程；
(7) 钢结构工程；
(8) 地面工程；
(9) 门窗工程；
(10) 幕墙工程；
(11) 墙面工程；
(12) 轻质隔墙工程；
(13) 吊顶工程；
(14) 细部工程；
(15) 地下防水工程；
(16) 屋面防水工程；
(17) 隔热保温工程

验收意见：  □ 同意隐蔽  □ 不同意验收，修改后进行复验

复验意见：  □ 同意隐蔽  □ 不同意验收，修改后再进行复验

复验人：  □                 复验日期： 年 月 日

| 施工单位验收评定结果 | 专业工长：<br>质量员：<br>项目技术负责人：<br>年 月 日 | 监理（建设）单位验收评定结论 | 专业监理工程师：<br>（建设单位项目技术负责人）：<br>年 月 日 |
|---|---|---|---|

注：本表由施工单位填写，涉及结构安全和使用功能的部位，应附隐蔽前工程实物照片，施工单位、建设单位、城建档案馆各保存一份。

16）施工日志，见表 5-8。

施工日志                                                     表 5-8

| 资料号 | |
|---|---|

年　月　日　　星期

温度：2时　　℃，8时　　℃，14时　　℃，20时　　℃，日平均　　℃，天气：　上午　　下午

| | 分项工程 | 层段位置 | 工作班组 | 工作人数 | 进度情况 |
|---|---|---|---|---|---|
| 施工内容 | | | | | |
| | | | | | |
| | | | | | |
| | | | | | |
| | | | | | |
| | | | | | |

| | |
|---|---|
| 主要记事 | 1. 预检情况（包括质量自检、互检和交接检存在问题及改进措施等）： |
| | 2. 验收情况（参加单位、人员、部位、存在问题）： |
| | 3. 设计变更、洽商情况： |
| | 4. 原材料进场记录（数量、产地、标号、牌号、合格证份数及是否已进行质量复试等）： |
| | 5. 技术交底、技术复核记录（对象及内容摘要）： |
| | 6. 归档资料交接（对象及主要内容）： |
| | 7. 原材料、试件、试块编号及见证取样送检等记录： |
| | 8. 外部会议或内部会议记录： |
| | 9. 上级单位领导或部门到工地现场检查指导情况（对工程所作的决定或建议）： |
| | 10. 质量、安全、设备事故（或未遂事故）发生的原因、处理意见和处理方法： |
| | 11. 其他特殊情况（停电、停水、停工、窝工等）： |

施工员：　　　　　记录员：　　　　　　　　　　　　　　　　第　　页

17）竣工图。

施工管理资料包括：

1）施工现场质量管理检查记录，见图5-4。

（1）施工图审查情况：查看施工图审查意见书。若图纸是分批出图，施工图审查可分阶段进行。
（2）地质勘察资料：有勘察资质的单位出具的地质勘察报告，供地下施工方案制定和施工组织总平面图编制时参考等。
（3）施工技术标准：是分项工程操作的依据，是保证工程质量的基础，承建企业应有不低于国家质量验收规范要求的操作规程等企业标准。但企业标准要有相应的批准程序，由企业总工程师、技术委员会负责人审查批准，要有批准日期、执行日期、企业标准编号及名称。在工程施工前要明确选用技术标准，可以选用国家标准、行业标准、地方标准和企业标准

（4）现场质量管理制度：主要包括图纸会审、设计交底、技术交底、施工组织设计编制与审批程序、质量预控措施、质量检查制度、各工序之间交接检查制度、质量奖惩制度、质量例会制度和质量问题处理制度等。
（5）质量责任制：施工现场的质量责任制一定要明确，要有组织机构图，责任明确到各专业，落实到个人。
（6）分包方资质及对分包单位的管理制度：各专业承包单位的资质要齐全，要与其承揽业务范围相符，超出业务范围的均要办理特许证书。专业分包单位应有自身的管理制度，总承包单位要有对分包单位的管理制度

（7）工程质量检查制度：包括三个方面的检查制度，一是主要原材料、设备进场检验制度；二是施工过程的施工试验报告检查制度；三是竣工后的抽查检测制度。应专门制定抽测项目、抽测时间、抽测单位等计划，使监理单位、建设单位、施工单位都做到心中有数，从而保证工程质量。
（8）搅拌站及计量设置：主要说明工地现场搅拌站的计量设置情况，现场搅拌的管理制度等。当采用预拌混凝土和安装专业时就没有这项内容。
（9）现场材料、设备存放与管理：施工单位要根据材料、设备的性能制定相应的管理制度，根据现场条件建立库房，保证材料、设备的正常使用

图5-4 施工现场质量管理检查记录

2）中标通知书，见表5-9。

中标通知书 表5-9

| 中标单位 | | | |
|---|---|---|---|
| 建设单位 | | 项目名称 | |
| 建设地点 | | | |
| 中标范围 | | | |
| 面积 | | | |
| 承包方式 | | | |

| 中标主要条件 | 中标价 | 工程质量等级 | 中标工期 | 定额工期 | 其他 |
|---|---|---|---|---|---|
| | | | | | |

招标单位意见：
通过　年 月 日　时竞标。根据竞标规则，××表示无异议、确定　为第一中标人。
年　月　日　（会章）

招标管理机构意见：
年　月　日　（会章）

备注

3）工程预（决）算。

4）承发包合同。

5）施工许可证，见图 5-5。

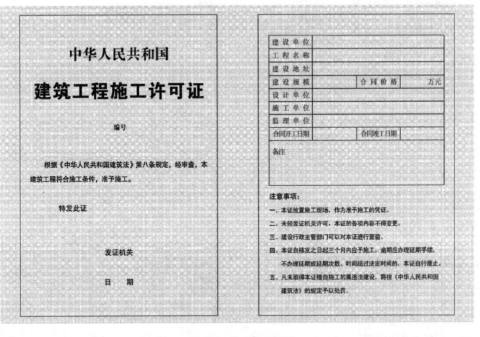

图 5-5　施工许可证

6）质保体系人员名单及岗位证书。

7）企业资质及质量管理制度和质保体系人员岗位责任制。

8）开工报告，见表 5-10。

开工报告

表 5-10

_____ 开工报告

编号：_____

| 工程名称 | | 合同编号 | |
|---|---|---|---|
| 建设单位 | | 工程造价 | |
| 设计单位 | | 计划工期 | |
| 施工单位 | | 开工日期 | 年 月 日 |

| 工程内容 | |
|---|---|

| 序号 | 工程开工条件 | 实际情况 |
|---|---|---|
| 1 | 施工图会审、技术交底情况 | |
| 2 | 施工组织设计（方案）批准交底情况 | |
| 3 | 施工图预算编制情况 | |
| 4 | 物资供应、设备材料落实情况 | |
| 5 | 三通一平、土建条件情况 | |
| 6 | 施工机械设备落实情况 | |
| 7 | 劳动力落实情况 | |
| 8 | 安全技术措施落实情况 | |
| 9 | | |
| 10 | | |

| 备注 | |
|---|---|

| 建设（监理）单位：（章）<br><br>代表：                  年 月 日 | 施工单位：（章）<br><br>代表：                  年 月 日 |
|---|---|

9）监督验收通知单。

10）工程质量保修书。

11）企业标准（施工过程中提供）。

（3）有工程使用的主要建筑材料、建筑构配件和设备的进场试验报告，见图 5 6。

图 5-6　材料检测报告

（4）有勘察、设计、施工、监理等单位分别签署的质量合格文件。

（5）有施工单位签署的工程质量保修书。即竣工验收应符合的基本条件。

（6）竣工质量验收依据的文件（注意质量 2 个字）：

1）上级主管部门的有关工程竣工验收的文件和规定；

2）国家和有关部门颁发的施工规范、质量标准、验收规范；批准的设计文件、施工图纸及说明书；双方签订的施工合同；设备技术说明书；设计变更通知单；有关协作配合协议书等。

## 5.1.4　竣工验收质量标准

（1）建筑工程质量应符合相关专业验收规范的规定。

（2）建筑工程施工应符合工程勘察、设计文件的要求。

（3）参加工程施工质量验收的各方人员应具备规定的资格。

（4）工程质量验收应在施工单位自行检查评定的基础上进行。

（5）隐蔽工程在隐蔽前应由施工单位通知有关单位进行验收，并形成验收文件。

（6）涉及结构安全的试块、试件以及有关材料，应按有关规定进行见证取样检测，见表 5-11、图 5-7。

（7）检验批的质量应按主控项目和一般项目验收。

对于有允许偏差的项目，如果该项目是主控项目，则其检测点的实测值必须在给定的允许偏差范围内，不允许超差，见表 5-12。

见证取样送检委托书      表 5-11

委托单位：        工程名称：

| 产品名称：土样 | | | 试验项目： | | |
|---|---|---|---|---|---|
| 规格型号 | | | | | |
| 出厂批（炉、编）号 | | | | | |
| 进场批量（吨、个、件） | | | | | |
| 有无出厂质量证明书 | | | | | |
| 出厂质量等级 | | | | | |
| 出厂日期 | | | | | |
| 生产厂名 | | | | | |
| 供应商名 | | | | | |
| 样品编号 | | | | | |
| 代表部位（层次、轴线） | | | | | |
| 样品质量 | | | | | |
| 样品单件数 | | | | | |
| 取样人签名 | | | | | |
| 见证人签名 | | | | | |
| 收样人签名 | | | | | |
| 施工单位： | | | | 电话： | |
| 检测单位： | | | | 电话： | |
| 取样说明： | | | | | |
| | | | | 监理单位（章）<br>年　月　日 | |

注：1. 本委托书一式三份，监理（建设）、施工、检测各一份；
    2. 施工单位应将本委托书及其检测试验报告一并归档；
    3. 见证人签名处应加盖见证人单位章。

图 5-7 试块送检

（8）涉及结构安全和使用功能的重要分部工程应进行抽样检测。

（9）承担见证取样检测及有关结构安全检测的单位应具备相应资质。

（10）工程观感质量应由验收人员通过现场检查，并应共同确认。

暗龙骨吊顶工程检验批质量验收记录　　　　　　　　　表 5-12

| 工程名称 | | | 分项工程名称 | 暗龙骨吊顶工程 | 验收部位 | 石膏板吊顶 |
|---|---|---|---|---|---|---|
| 施工单位 | | | | | 项目经理 | |
| 施工执行标准名称及编号 | | 《建筑装饰装修工程质量验收标准》GB 50210—2018 | | | 专业工长 | |
| 分包单位 | | | 分包项目经理 | | 施工班组长 | |
| 检控项目 | 序号 | 质量验收规范的规定 | | | 施工单位检查评定记录 | 监理（建设）单位验收记录 |
| 主控项目 | 1 | 吊顶标高、尺寸、起拱和造型 | | 应符合设计要求 | 符合设计要求 | |
| | 2 | 饰面材料的材质、品种、规格、图案、颜色 | | 应符合设计要求 | 符合设计要求 | |
| | 3 | 暗龙骨吊顶工程的吊杆、龙骨和饰面材料面材料 | | 安装必须牢固 | 吊杆、龙骨和饰面材料的安装牢固 | |
| | 4 | 吊杆、龙骨的材质及防腐及防火处理 | | 6.2.5条 | 符合设计和质量验收规范要求 | |
| | 5 | 石膏板的接缝 | | 6.2.6条 | 接缝处理符合施工工艺标准要求，无开裂现象 | |
| 一般项目 | 1 | 饰面材料表面质量 | | 6.2.7条 | 表面洁净，色泽一致，无翘曲、裂缝及缺损现象 | |
| | 2 | 饰面板上灯具等设备位置 | | 6.2.8条 | 饰面板上各种设备的位置合理，美观，接缝严密 | |
| | 3 | 金属吊杆、龙骨的接缝及木质吊杆、龙骨质量 | | 6.2.9条 | 符合质量验收规范要求 | |
| | 4 | 吊顶内填充吸声材料及铺设厚度 | | 6.2.10条 | 符合质量验收规范要求 | |

一般项目 第5项：

| 项目 | 允许偏差（mm） | | | | 量测值（mm） | | | | | | | | | |
|---|---|---|---|---|---|---|---|---|---|---|---|---|---|---|
| | 纸面石膏板 □ | 金属板 □ | 矿棉板 □ | 木板塑料板格栅 □ | | | | | | | | | | |
| 1）立面垂直度 | 3 | 2 | 2 | 2 | 1 | 1 | 1 | 1 | 1 | 2 | 2 | | | |
| 2）表面平整度 | 3 | 1.5 | 3 | 3 | 2 | 2 | 3 | 3 | 3 | 3 | 1 | | | |
| 3）阴阳角方正 | 1 | 1 | 1.5 | 1 | 0 | 0 | 1 | 1 | 1 | 1 | 0 | | | |

| 施工单位检查评定结果 | 检查评定合格 | | |
|---|---|---|---|
| | 项目专业质量检查员： | | 年　月　日 |
| 监理（建设）单位验收结论 | 监理工程师：（建设单位项目专业技术负责人） | | 年　月　日 |

### 5.1.5 竣工验收条件

（1）完成了工程设计和合同约定的各项内容。

（2）施工单位对竣工工程质量进行了检查，确认工程质量符合有关法律、法规和工程建设强制性标准的规定，符合设计文件及合同要求，并提出工程竣工报告。该报告应经总监理工程师（针对委托监理的项目）、项目经理和施工单位有关负责人审核签字，见图5-8。

（3）有完整的技术档案和施工管理资料。

（4）建设行政主管部门及其委托的工程质量监督机构等有关部门责令整改的问题已全部整改完毕。

### 工程竣工报告（施工单位）

质监 05-05

| 工程名称 | | | | |
|---|---|---|---|---|
| 施工单位 | | | | |
| 结构类型 | 框架 | 层数 | | 建筑面积（m²） |
| 检查情况 | 完成工程设计和合同约定内容情况 | 工程设计施工图及合同约定的工程量已全部完成 | | |
| | 执行强制性标准、设计文件及合同情况 | 施工中严格执行强制性标准、工程设计文件和合同约定，并经监理（建设）单位验收合格 | | |
| | 技术档案及施工管理资料情况 | 技术档案及施工管理资料已按要求整理完成，并已提交监理单位审查符合要求 | | |
| | 主要建筑材料、构配件、设备合格证及试验报告、见证取样试验及见证检测情况 | 各种建筑材料、构配件、设备合格证齐全，已按规定进行进场检验，并对基础、顶层进行了见证取样试验及见证检测，比例不少于30%，各种试验结果均符合设计及规范要求 | | |
| | 工程质量保修书 | 已签署工程质量保修书，竣工验收后提交建设单位 | | |
| | 住宅工程使用说明书 | / | | |
| | 质量问题整改情况 | 工程中存在的质量问题已整改完毕，并经监理（建设）单位验收合格 | | |
| 工程质量评价 | | 工程质量符合设计及规范要求，质量合格 | | |
| 施工单位检查评定意见：工程设计施工图及合同约定的工程量已全部完成，质量符合设计及规范要求，达到合格标准 | | | | |
| 项目经理 | | 法人代表： | | （公章） |
| 公司技术负责人 | | | | |
| 公司质量负责人 | | 年　月　日 | | |

工程质量监督报告和工程竣工报告是决定工程能否备案的关键材料，它为工程竣工验收报告提供了可靠依据和质量保证。它们是互相制约、紧密相连的

图 5-8　工程竣工报告

（5）对于委托监理的工程项目，具有完整的监理资料，监理单位提出工程质量评估报告，该报告应经总监理工程师和监理单位有关负责人审核签字。未委托监理的工程项目，工程质量评估报告由建设单位完成，见图5-9。

（6）勘察、设计单位对勘察、设计文件及施工过程中由设计单位签署的设计变更通知书进行检查，并提出质量检查报告。该报告应经该项目勘察、设计负责人及各自单位有关负责人审核签字，见表 5-13、图 5-10。

（7）有规划、消防、环保等部门出具的验收认可文件。

（8）有建设单位与施工单位签署的工程质量保修书。

## 5.1.6 竣工验收内容

（1）检查工程是否按批准的设计文件建成，配套、辅助工程是否与主体工程同步建成。

（2）检查工程质量是否符合国家和行业颁布的相关设计规范及工程施工质量验收标准的规定。

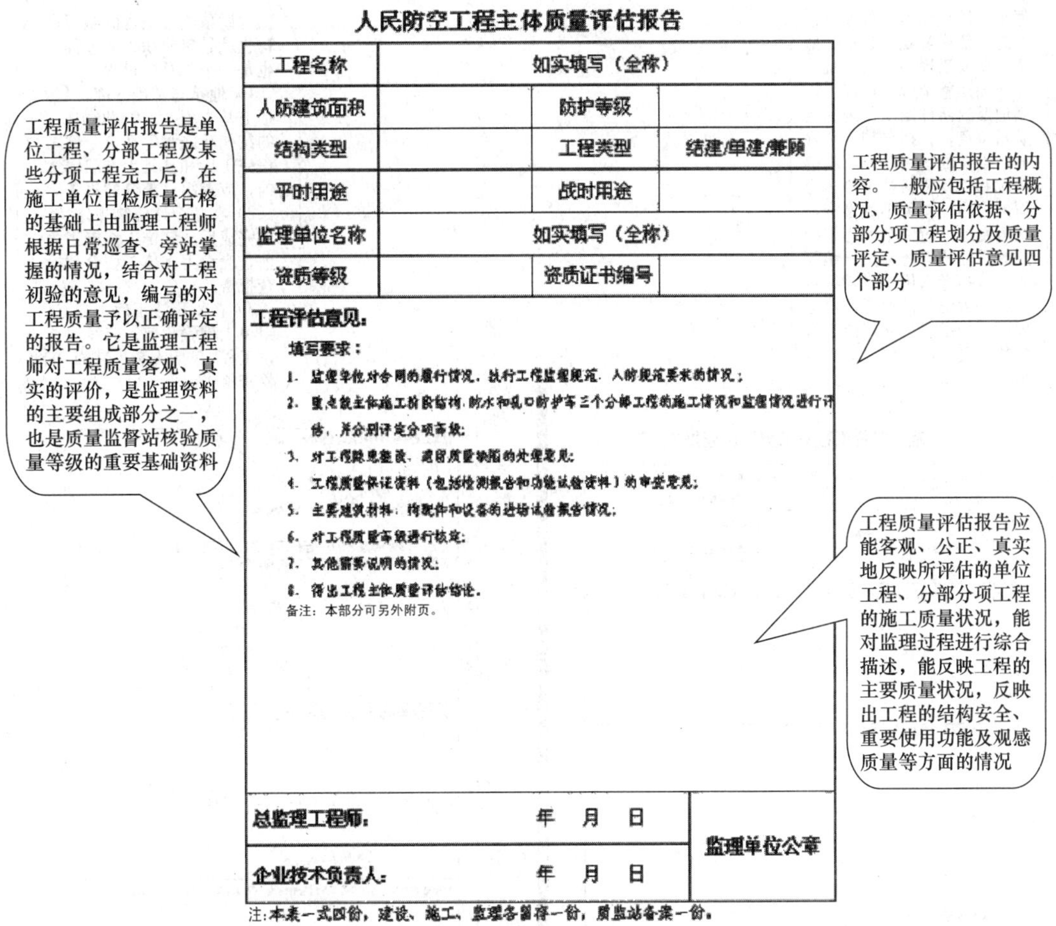

**人民防空工程主体质量评估报告**

| 工程名称 | 如实填写（全称） | | |
|---|---|---|---|
| 人防建筑面积 | | 防护等级 | |
| 结构类型 | | 工程类型 | 结建/单建/兼顾 |
| 平时用途 | | 战时用途 | |
| 监理单位名称 | 如实填写（全称） | | |
| 资质等级 | | 资质证书编号 | |

工程评估意见：

填写要求：
1. 监理单位对合同的履行情况，执行工程监理规范、人防规范要求的情况；
2. 重点就主体施工阶段结构、防水和孔口防护等三个分部工程的施工情况和监理情况进行评估，并分别评定分项等级；
3. 对工程隐患整改、遗留质量缺陷的处理意见；
4. 工程质量保证资料（包括检测报告和功能试验资料）的审查意见；
5. 主要建筑材料、构配件和设备的进场试验报告情况；
6. 对工程质量等级进行核定；
7. 其他需要说明的情况；
8. 得出工程主体质量评估结论。
备注：本部分可另外附页。

| 总监理工程师： | 年 月 日 | 监理单位公章 |
|---|---|---|
| 企业技术负责人： | 年 月 日 | |

注：本表一式四份，建设、施工、监理各留存一份，质监站备案一份。

工程质量评估报告是单位工程、分部工程及某些分项工程完工后，在施工单位自检质量合格的基础上由监理工程师根据日常巡查、旁站掌握的情况，结合对工程初验的意见，编写的对工程质量予以正确评定的报告。它是监理工程师对工程质量客观、真实的评价，是监理资料的主要组成部分之一，也是质量监督站核验质量等级的重要基础资料

工程质量评估报告的内容。一般应包括工程概况、质量评估依据、分部分项工程划分及质量评定、质量评估意见四个部分

工程质量评估报告应能客观、公正、真实地反映所评估的单位工程、分部分项工程的施工质量状况，能对监理过程进行综合描述，能反映工程的主要质量状况，反映出工程的结构安全、重要使用功能及观感质量等方面的情况

图 5-9 工程质量评估报告

设计变更通知单 表 5-13

| 工程名称 | | 变更单编号 | |
|---|---|---|---|
| 建设单位 | | 施工单位 | |
| 设计单位 | | 相关图号 | |

续表

| | | |
|---|---|---|
| 变更内容及简图：<br><br>设计人：　　年　月　日 | | |
| 设计单位意见：<br><br>签字（公章）<br><br>年　月　日 | 建设单位验收：<br><br>签字（公章）<br><br>年　月　日 | |
| 施工图审批机构意见：<br><br>签字（公章）　　年　月　日 | | |

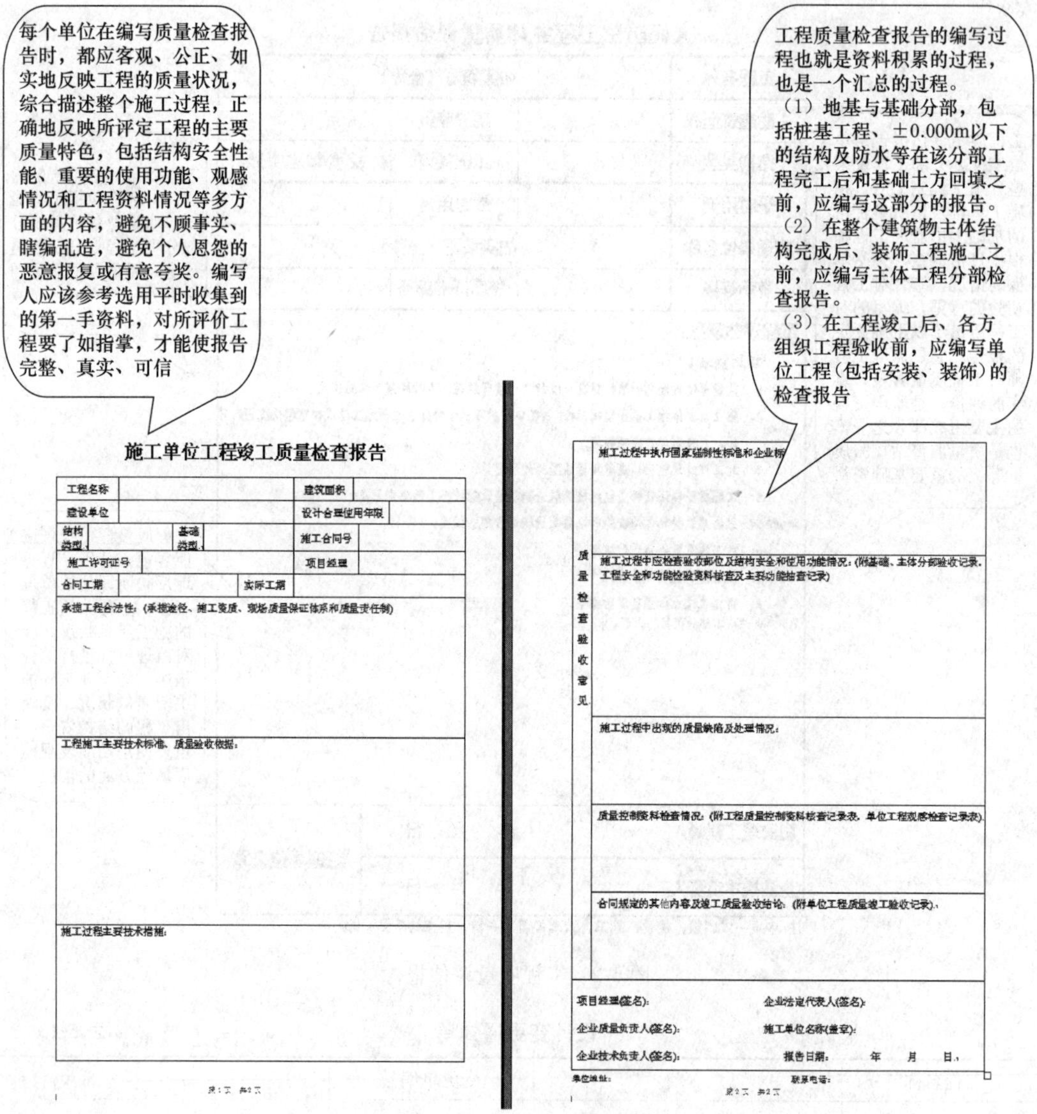
每个单位在编写质量检查报告时，都应客观、公正、如实地反映工程的质量状况，综合描述整个施工过程，正确地反映所评定工程的主要质量特色，包括结构安全性能、重要的使用功能、观感情况和工程资料情况等多方面的内容，避免不顾事实、瞎编乱造，避免个人恩怨的恶意报复或有意夸奖。编写人应该参考选用平时收集到的第一手资料，对所评价工程要了如指掌，才能使报告完整、真实、可信
工程质量检查报告的编写过程也就是资料积累的过程，也是一个汇总的过程。
（1）地基与基础分部，包括桩基工程、±0.000m以下的结构及防水等在该分部工程完工后和基础土方回填之前，应编写这部分的报告。
（2）在整个建筑物主体结构完成后、装饰工程施工之前，应编写主体工程分部检查报告。
（3）在工程竣工后、各方组织工程验收前，应编写单位工程（包括安装、装饰）的检查报告

施工单位工程竣工质量检查报告

| | | | |
|---|---|---|---|
| 工程名称 | | 建筑面积 | |
| 建设单位 | | 设计合理使用年限 | |
| 结构类型 | 基础类型 | 施工合同号 | |
| 施工许可证号 | | 项目经理 | |
| 合同工期 | 实际工期 | | |
| 承揽工程合法性：(承揽途径、施工资质、现场质量保证体系和质量责任制) | | | |
| 工程施工主要技术标准、质量验收依据： | | | |
| 施工过程主要技术措施： | | | |

第1页　共2页

| | |
|---|---|
| 质量检查验收意见 | 施工过程中执行国家强制性标准和企业标 |
| | 施工过程中应检查验收部位及结构安全和使用功能情况：(附基础、主体分部验收记录，工程安全和功能检验资料核查及主要功能抽查记录) |
| | 施工过程中出现的质量缺陷及处理情况： |
| | 质量控制资料检查情况：(附工程质量控制资料核查记录表，单位工程观感检查记录表) |
| | 合同规定的其他内容及竣工质量验收结论：(附单位工程质量竣工验收记录) |
| 项目经理(签名)：　企业法定代表人(签名)：<br>企业质量负责人(签名)：　施工单位名称(盖章)：<br>企业技术负责人(签名)：　报告日期：　年　月　日 | |

单位地址：　联系电话：

第2页　共2页

图 5-10　质量检查报告

（3）检查工程设备配套及设备安装、调试情况，国外引进设备合同完成情况。

（4）检查概算执行情况及财务竣工决算编制情况。

（5）检查联调联试、动态检测、运行试验情况。

（6）检查环保、水保、劳动、安全、卫生、消防、防灾安全监控系统及安全防护、应急疏散通道、办公生产生活房屋等设施是否按批准的设计文件建成、合格，精测网复测是否完成、复测成果和相关资料是否已移交给设备管理单位，工机具、常备材料是否按设计配备到位，地质灾害整治及建筑抗震设防是否符合规定。

（7）检查工程竣工文件编制情况，竣工文件是否齐全、准确。

（8）检查建设用地权属来源是否合法，面积是否准确，界址是否清楚，手续是否齐备。

## 5.1.7 竣工验收分类

（1）单位工程（或专业工程）竣工验收

以单位工程或某专业工程内容为对象，独立签订建设工程施工合同的，达到竣工条件后，承包人可单独进行交工，发包人根据竣工验收的依据和标准，按施工合同约定的工程内容组织竣工验收，比较灵活地适应了工程承包的普遍性。按照现行建设工程项目划分标准，单位工程是单项工程的组成部分，有独立的施工图纸，承包人施工完毕，征得发包人同意，或原施工合同已有约定的，可进行分阶段验收。这种验收方式，在一些较大型的、群体式的、技术较复杂的建设工程中普遍存在。中国加入世贸组织后，建设工程领域利用外资或合作搞建设的机会越来越多，采用国际惯例的做法也会日益增多。分段验收或中间验收的做法符合国际惯例，它可以有效控制分项、分部和单位工程的质量，保证建设工程项目系统目标的实现。中国近几年来也借鉴了国际上的一些经验和做法，修订了施工合同示范文本，增加了中间交工的条款。

（2）单项工程竣工验收

指在一个总体建设项目中，一个单项工程或一个车间已按设计图纸规定的工程内容完成，能满足生产要求或具备使用条件，承包人向监理人提交"工程竣工报告"和"工程竣工报验单"经签认后，应向发包人发出"交付竣工验收通知书"，说明工程完工情况、竣工验收准备情况、设备无负荷单机试车情况，具体约定交付竣工验收的有关事宜。

对于投标竞争承包的单项工程施工项目，则根据施工合同的约定，仍由承包人向发包人发出交工通知书请予组织验收。竣工验收前，承包人要按照国家规定，整理好全部竣工资料并完成现场竣工验收的准备工作，明确提出交工要求，发包人应按约定的程序及时组织正式验收。对于工业设备安装工程的竣工验收，则应根据设备技术规范说明书和单机试车方案，逐级进行设备的试运行。验收合格后应签署设备安装工程的竣工验收报告。

（3）全部工程竣工验收

指整个建设项目已按设计要求全部建设完成，并已符合竣工验收标准的要求，应由发包人组织设计、施工、监理等单位和档案部门进行全部工程的竣工验收。全部工程的竣工验收，一般是在单位工程、单项工程竣工验收的基础上进行。对于已经交付竣工验收并已办理了移交手续的单位工程（中间交工）或单项工程，原则上不再重复办理验收手续,但应将单位工程或单项工程竣工验收报告作为全部工程竣工验收的附件加以说明。

对于一个建设项目的全部工程竣工验收而言,大量的竣工验收基础工作已在单位工程和单项工程竣工验收中进行。实际上,全部工程竣工验收的组织工作,大多由发包人负责,承包人主要是为竣工验收创造必要的条件。

全部工程竣工验收的主要任务是:负责审查建设工程各个环节的验收情况;听取各有关单位(设计、施工、监理等)的工作报告;审阅工程竣工档案资料的情况;实地察验工程并对设计、施工、监理等方面工作和工程质量、试车情况等做出综合全面评价。承包人作为建设工程的承包(施工)主体,应全过程参加有关的工程竣工验收。

### 5.1.8 竣工验收人员

参加竣工验收的人员,见图 5-11。

由建设单位负责组织竣工验收小组。验收组组长由建设单位法人代表或其委托的负责人担任。验收组副组长应至少由一名工程技术人员担任。验收组成员由建设单位上级主管部门、建设单位项目负责人、建设单位项目现场管理人员及勘察、设计、施工、监理单位与项目无直接关系的技术负责人或质量负责人组成,建设单位也可邀请有关专家参加验收小组

图 5-11　竣工验收

## 5.2　工程竣工验收检验事项

### 5.2.1　屋面竣工验收检验事项

(1)屋面坡度是否正确?水落口、卷材收口和泛水等细部构造是否符合有关要求?见图 5-12。

图 5-12  屋面水落口

（2）屋面爬梯及上人孔的设置是否符合设计要求？

（3）屋面女儿墙的高度、现浇混凝土伸缩缝及建筑变形缝的构造是否正确？见图 5-13。

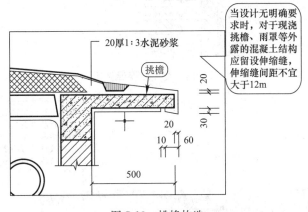

图 5-13  挑檐构造

（4）屋面通汽管、排汽管做法是否规范？见图 5-14、图 5-15。

图 5-14  屋面排汽管

（5）女儿墙的保温做法是否符合规范要求？见图 5-16。

（6）卷材防水保护层的施工是否符合规范要求？见图 5-17。

（7）屋面附属结构是否符合规定？

在经常有人停留的平屋面上排水通气管应高出屋面2m，并应设置防雷装置

图 5-15　屋面防雷

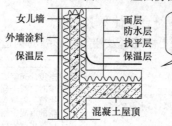

保温层的含水率必须符合要求且厚度不小于设计要求

图 5-16　女儿墙保温做法

厚度小于3mm的高聚物改性沥青防水卷材严禁采用热熔法施工。高聚物改性沥青防水卷材长边搭接宽度不应小于80mm

图 5-17　卷材防水保护层施工

（8）女儿墙避雷带设置是否正确？

（9）上人屋面面层或防水保护层的伸缩缝设置是否符合规范要求？

（10）屋面造型由平屋面改成坡屋面有无设计变更等相关文件？

## 5.2.2　顶层竣工验收检验事项

（1）屋顶是否有渗漏或返潮等迹象？

（2）墙体及顶板是否有结构裂缝？见图 5-18。

图 5-18　墙体裂缝

（3）顶层楼梯护栏高度和栏杆间距是否满足规定？见图 5-19。

靠楼梯井一侧水平扶手长度超过0.50m时，其高度不应小于1.05m。踏步应采取防滑措施

图 5-19　楼梯护栏

## 5.2.3　设备间、管道井竣工验收检验事项

（1）设备间和管道井的防火封堵是否符合规定？

（2）设备间及管道井内墙面和地面是否平整、洁净？

（3）管道支架安装是否牢固、可靠？见图 5-20。

（4）阴阳角是否方正？见图 5-21。

阴阳角尺检测方正度：阴阳角尺是检测阴阳角内外直角偏差的常见工具

图 5-20　管道支架　　　　　　　　　　图 5-21　阴阳角

（5）设备基座是否符合设计要求？

### 5.2.4 中间层竣工验收检验事项

（1）楼梯扶手高度及栏杆间距是否符合要求？低窗的防护措施是否符合规定？见图 5-22。

（2）卫生间及有防水要求的房间有无渗漏现象？见图 5-23、图 5-24。

（3）查看楼地面的平整度、色泽及接缝的均匀度，见图 5-25。

（4）门窗安装规范要求见图 5-26。

（5）块体饰材及饰面砖在镶贴之前是否需要预排或有无装饰施工设计？墙面的净洁度及接缝的均匀度是否上乘、精致？

住宅、中小学、幼儿园以及允许儿童活动的场所等，栏杆必须采取防止少年儿童攀登的构造，当采用垂直杆件作栏杆时，其杆件净距不应大于0.11m

当设计无要求时，建筑阳台、外廊、室内回廊、内天井、上人屋面及室外楼梯等临空处（24m以内）应设置高度不低于1.05m的防护栏杆，栏杆离楼面或屋面0.10m高度内不宜留空

当设计无具体要求时，室内楼梯扶手高度自踏步前缘线量起不宜小于0.90m。靠楼梯井一侧水平扶手长度超过0.50m时，其高度不应小于1.05m。踏步应采取防滑措施

图 5-22　阳台栏杆

室内防水材料铺设后，必须蓄水检验。蓄水深度应为20~30mm，24h内无渗漏为合格，并作记录

使用地面辐射采暖系统的卫生间应按技术规范要求做两层隔离层（防水层），并在卫生间过门处设置止水墙

图 5-23　卫生间防水

安装在卫生间及厨房内的套管，其顶部应高出装修地面50mm

图 5-24 卫生间套管

大理石、花岗石面层的表面洁净、平整、无磨痕，图案清晰，色泽一致。接缝均匀，周边顺直，镶嵌正确，板块无裂纹、掉角、缺棱等缺陷。整体地面是否有空鼓、裂缝和起砂现象。水磨石地面石子分布及分格条显露状况、色泽是否一致。踢脚线表面洁净，结合牢固，高度一致，出墙厚度一致

图 5-25 大理石楼面

查看门窗安装的水平度与垂直度及内外深度、牢固程度，打胶质量是否达到防水与美观要求，有无被污染情况，门窗安装缝隙严密程度，小五金件安装是否细腻，油漆目测与手感的质量状况。另外，查看外窗分割是否符合设计要求；拼樘料是否符合要求

图 5-26 门窗安装

（6）防火门表面是否按规定刷防火漆？

（7）门合页选型及安装是否正确？胶合板门、纤维板门粘贴是否牢固？透气孔是否通畅？

（8）查看细木工程的制作与安装是否细腻，涂料色泽均匀度，有无裂缝、空鼓，压花

图 5-27　梯板滴水线

是否均匀?

（9）吊顶的起拱和设置是否符合规范规定?

（10）楼梯梯板上表面的挡水台及梯板下部的滴水线是否符合规定?见图 5-27。

### 5.2.5　首层竣工验收检验事项

（1）门厅或门斗的设置是否符合规定?

（2）一层外窗防盗栏杆是否符合要求?

（3）雨篷防水做法及水落管是否符合规定?见图 5-28。

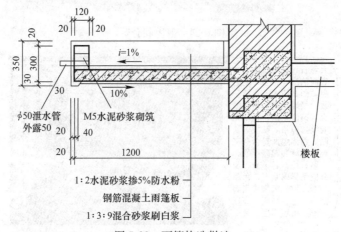

图 5-28　雨篷构造做法

（4）一层与地下室之间的防火封堵是否符合设计要求?

### 5.2.6　地下室竣工验收检验事项

（1）地下室的高度是否符合设计要求?

（2）非供暖地下室内的顶板保温是否到位?

（3）地下室管道周边的洞口是否按规定封堵?

（4）地下室外窗是否设置防盗栏杆?见图 5-29。

防盗栏杆直径不小于10mm，间距不应大于110mm

图 5-29　地下室外窗防盗栏杆

（5）地下室顶板有无渗漏？

（6）地下室防火墙设置是否符合设计要求？

### 5.2.7 外装竣工验收检验事项

（1）查看有无因地基与基础质量问题引起主体结构工程出现裂缝、倾斜或变形的情况？地基基础周围回填土是否有沉陷造成散水破坏情况？变形缝、防震缝的设置或构造是否合理？

（2）查看外墙装饰的色泽、拼缝与平整度；石材的操作工艺是干挂还是湿作业粘贴，有无花脸、泛碱、渗潮迹象；内外墙、梁、板、柱和装饰线角水平度与垂直度；墙面与顶棚的平整度，顶棚有无裂缝、翘曲，洞口是否方正挺拔？

（3）查看建筑节能保温做法（含勒脚）是否符合规定？

（4）室外台阶和散水的伸缩缝设置是否正确？另外，有无下沉现象？见图5-30。

住宅无障碍要求建筑入口门槛高度及门内外地面高差不应大于15mm，并应以斜坡过渡

图5-30 室外台阶及散水

（5）滴水线构造是否正确？排水坡度是否符合设计要求？见图5-31。

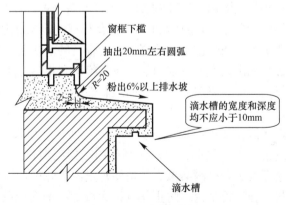

窗框下槛

抽出20mm左右圆弧

$R-20$

粉出6%以上排水坡

滴水槽的宽度和深度均不应小于10mm

滴水槽

图5-31 滴水槽构造

（6）外窗设置及窗框与墙之间缝隙填充密封胶做法是否规范、到位？

消防要求楼梯间窗口与套房窗口最近边缘之间的水平间距不应小于1.0m。

（7）室外建筑节能工程做法是否规范？墙面平整度及线条是否符合要求？

在正确使用和正常维护的条件下，外墙外保温工程的使用年限不应少于25年。

建筑高度在 20m 以上时，在受负风压作用较大的部位宜使用锚栓辅助固定。

外保温工程施工期间以及完工后 24 小时内，基层及环境空气温度不应低于 5℃。夏季应避免阳光暴晒。在 5 级以上大风天气和雨天不得施工。

建筑节能工程的施工强制性条文规定保温隔热材料的厚度必须符合设计要求。

## 5.2.8　人防竣工验收注意事项

人防工程的竣工验收在程序上首先要有建设部门的共同把关（如：建设项目的备案条件；办理产权证的条件）、密切配合，做到未经过验收或验收不合格的工程不准交付使用，并不能办理房屋的土地及产权证。

（1）完成人防工程设计和合同约定的各项内容。

（2）有完整的技术档案和施工管理资料。

（3）有工程使用的主要建筑材料、建筑构配件和设备的进场试验报告。

（4）有勘察、设计、施工、监理等单位分别签署的质量合格文件。

（5）有施工单位签署的工程质量保修书。

（6）所有的防护门、密闭门门扇及临空墙的封堵板全部安装到位且防护门、密闭门门扇应开关灵活，做到开启到位、关闭严实；临空墙的封堵板制作完好并统一堆放。

（7）人防工程所有出入口畅通无阻。

（8）在人防工程出入口安装"人防工程标识牌"。

## 5.2.9　消防竣工验收注意事项

（1）要注意审查建筑工程防火设计原始审批文书。在进行消防验收时，验收人员要根据已完成的建筑消防工程实际情况，对照国家现行建筑工程消防技术标准，复核其原始审批文书是否准确、全面；有无缺项和降低标准或故意提高标准和要求的现象。验收人员不能只根据原始审批文书中所提问题去找现场、找问题，而应按现行消防技术规范和标准的要求来对照已完工建筑的实际情况去校核其消防设计施工、安装是否符合要求。这样即可消除在设计审批时，一些人为因素导致的故意放宽要求、降低标准的违规行为造成的不良后果。

（2）要认真审核消防工程质量监测的检测报告。现行的消防验收制度规定，在消防机构验收前，消防工程必须先由技术监测部门进行技术检测合格后方可组织消防验收。即验收前的强制性检测。但是，今后将取消验收前的强制性检测，由施工单位自行调试检测合格的报告替代。因此，在验收时更应该注意认真地去审查其技术检测报告的真实性和合理性。一是要防止其弄虚作假。即根本未进行实地检测，而任意填报检测项目和合格结论。因此，要认真查实检测报告中的检测人员、检测部门、检测项目、检测数量、检测时间、检测方法，以及现场鉴证人员和检测结果。二是要防止欲盖弥彰，掩盖矛盾和问题。要认真审查检测项目结果与综合评价结论，防止任意扩大故障率的允许范围。如有的检测报告中，有相当一部分检测项目不合格，而在综合评价时，结论为合格。还有的表述为"在……情况下，合格"。"在……情况下"是一种假设的情况，即隐含着目前根本不存在的事实，只有在达到"在……情况下"才能合格。即此项检测现在实为不合格。因此，在审查技术检测报告时，应认真对照有关施工验收规范和标准，并仔细查看其是否真正按施工验收规范和技术检测标准规定的程序和方法进行了检测。同时，其故障率是否在其允许的范围之内。千万不要被综合结论所迷惑。在目前由专业技术监测部门出具的检测性报告中尚有如此弄虚作假的现象，今后由施工单位自行出具的检测报告中，更难避免这种弄虚作假的现象发生。

（3）在验收检测中，应注意预防安全事故的发生。在现场检测中，避免不了要启动各种消防设备设施。如果在施工、安装和调试过程中遗留了隐患，未能及时发现和消除，或设备设施选材不当，或偷工减料，或现场检测操作不当等，这些问题都可能在组织验收的现场检测中暴露出来。如果没有应变措施，就有可能导致安全事故的发生，如水管破裂，导致屋顶水箱放水，殃及整栋大楼；或误动信号阀，导致昂贵的气体灭火物质全部泄漏，甚至致使在场人员中毒身亡。因此，在验收时要督促建筑单位和施工单位做好预防各类事故发生的准备工作。在实地检测中，由使用单位的有关管理人员在公安消防监督人员的指导下，去启动有关设备设施，尽量避免由公安消防监督人员亲自操作。

### 5.2.10　节能竣工验收检验事项

要求技术负责人以及专业工长必须熟知《建筑节能工程施工质量验收标准》GB 50411—2019和建筑节能设计图纸的各项要求，且在组织此分部工程施工时严格按照验收规范的要求进行，规范中的强制性条文必须严格执行。对本工程墙体、屋面、门窗、幕墙等节能项目，所用的材料以及材料的各种性能及技术指标做到心中有数，由技术负责人将要送检的材料以及所需检测的项目向试验工作交底，严格按照设计文件节能篇章节中的原材料技术指标和检测项目的要求，进行见证取样和送检委托。

建筑节能验收应提供的相关资料及应注意的事项包括：

（1）承担建筑节能工程的施工企业应具备相应的资质，施工现场应建立相应的质量管理体系，制定施工质量控制和检验制度，具有相应的施工技术标准。

（2）单位工程的施工组织设计应包括建筑节能工程的施工内容，建筑节能工程施工前，施工单位应编制建筑节能工程施工方案并经监理（建设）单位审查批准，施工单位应对从事建筑节能工程施工作业的人员进行技术交底和必要的实际操作培训。

（3）建筑节能工程应按照经审查合格的设计文件和经审查批准的施工方案施工。设计变更不得降低建筑节能效果。当设计变更涉及建筑节能效果时，应经原施工图设计审查机构审查，在实施前应办理设计变更手续，并获得监理或建设单位的确认。

（4）建筑节能工程使用的材料、设备等，必须符合设计要求及国家有关标准的规定。严禁使用国家明令禁止使用与淘汰的材料和设备。进入施工现场用于节能工程的材料和设备均应具有出厂合格证、中文说明书及相关性能检测报告；定型产品和成套技术应有型式检验报告（由生产厂家委托有资质的检测机构，对定型产品或成套技术的全部性能及其适用性所做的检验），当墙体节能工程采用外保温定型产品或成套技术时，其型式检验报告中应包括安全性和耐候性检验。

## 5.3　建筑工程竣工验收注意事项

施工过程中的质量控制资料收集应齐全，所有试验资料要进行汇总，主要材料试验取样次数要满足规范要求，几个必须要做的试验项目包括：基础回填部分承压、桩基础动力静力试验、基础与主体结构检测、外墙保温材料燃烧性能试验、节能检测、外门窗三项性能试验、电线电缆及开关插座配电箱试验、水暖安装主材试验、电缆桥架试验、综合布线系统检测、防雷接地测试、自动消防设施检验、电气系统防火检测。

综合验收的前置条件是应有一个统一的安排，在每项工程完成后应立即组织验收和试验。

### 5.3.1　工程综合验收的前置条件

人防验收、节能验收、防雷验收、消防验收、室内环境空气质量检测、上报给质监站的完整工程技术资料。

### 5.3.2　应具备的资料

施工许可证、施工合同、审图意见、甲乙两方的无拖欠证明、市场无违纪行为证明、劳保基金交纳证明、工程款结算证明、建筑工业产品备案证书审核表、节能认定证书。

### 5.3.3　验收流程

（1）工程技术资料经监督站验收合格后出具工程质量监督报告，并出具建设工程安全生产评价表，并由监督处长签字。

（2）报住建委综合科审查各项交费证明。

（3）市场科出具市场无违纪行为证明，须在工程移交前进行。

（4）劳保办出具劳保基金交纳证明，所需要的资料包括规划许可证、中标通知书、施工合同、图纸审查意见书、交费收据，审核合格后到大厅盖章。

（5）到行业发展科开具甲乙两方的无拖欠证明。

（6）到造价管理处开具结算证明，需提供合同、审计事务所出具的审计意见。

（7）到归口办办理建筑工业产品备案审核，审核合格后到大厅盖章。

（8）通过省级节能检测后办理节能认定证书。

（9）以上资料齐全后交住建委基建科，确定工程综合验收的时间表，将五方责任主体签字的竣工验收报告准备多份到大厅盖章后下发以下有关单位：发展改革委、规划局、城建档案馆、气象局、住建委综合科、监督科、基建科、五大责任主体。

（10）按预定的时间进行验收。

（11）办理备案。

### 5.3.4　总体建筑工程综合规划验收

前置条件：消防验收意见书、规划竣工测量竣工图、工程验收备案证书、规划审批表、绿化规划备案表、档案验收合格证书。

### 5.3.5　规划验收注意的问题

规划验收应注意的问题包括两个方面：一是停车位；二是各建筑物红线要符合要求。

### 5.3.6　档案验收注意的问题

开发过程中随时整理相关的资料，事先按城建档案馆的要求编目，随时整理归档。

# 6 工程洽商编制与管理

## 6.1 工程联系单、工程洽商记录、工程签证、设计变更及其区别

### 6.1.1 工程联系单

工程联系单是指在工程施工过程中，图纸某些地方需要修改或出现甲方想要改变的事项，为了进一步的斟酌，以免出错而用的文书，部分项目的变化都采用工程联系单沟通。工作联系函与工作联系单，是建设方、施工方、监理方通用的表。在施工过程中，各方有需要沟通与协商的事宜，可以通过这两种方式进行处理，见图 6-1。

| 工作联系单 | | 编号 | | | |
|---|---|---|---|---|---|
| 工程名称 | | 日期 | 年 | 月 | 日 |
| 致： | | | | | |
| 事由： | | | | | |
| 内容： | | | | | |
| 维护单位意见： | | | | | |
| 签字： | | | | | |
| 日期： | 年 月 日 | | | | |
| 发出单位名称 | | 单位负责人（签名） | | | |

注：重要工作联系单须加盖单位公章，相关单位各存一份。

工程联系单可视为对某事、某措施可行与否、变更替换或代替等的请求函件。甲、乙双方的联系单反映出一个工程的进展情况，是索赔等的强有力的证明材料。比如，在施工过程中，监理方如想给甲方提一些合理化建议，或者工作中有些需要甲方出面给予支持协商的事，都可以用这两种方式传达自己的意思

图 6-1 工作联系单

### 6.1.2 工程洽商记录

工程洽商记录主要是指施工企业就施工图纸、设计变更所确定的工程内容以外，施工图预算或预算定额取费中未包含的，而施工中又实际发生费用的施工内容所办理的书面说明。在施工过程中业主方就工作内容的增减，实质影响到原合同，双方就有新的谈判，于是就有工程洽商记录，洽商记录既可以是新合同，也可以是原合同的附件，见图 6-2。

**工 程 洽 商 记 录**

[illegible] 表C.0.3　　　　第　　页 共　　页

| 工程名称 | | 编号 | |
|---|---|---|---|
| 提出单位 | | 提出日期 | 年　月　日 |
| 工程洽商内容<br><br>项目负责人 | | | |
| 工程参建单位意见 | | | |
| 建设单位 | 设计 | 监理 | 施工 |
| 项目负责人<br>年　月　日 | 项目负责人:<br>年　月　日 | 监理工程师:<br>年　月　日 | 项目经理:<br>年　月　日 |

> 由多方（建设方、设计方、监理方、施工方）开会商议并签字形成的文件叫工程洽商记录。适用于施工单位为了方便施工或根据建设单位意图或发现了当时在图纸会审时没有发现的图纸问题时向设计单位提出意见时的经济洽商、或者技术洽商等

图 6-2　工程洽商记录

### 6.1.3 工程签证

施工过程中的工程签证，主要是指施工企业就施工图纸、设计变更所确定的工程内容以外，施工图预算或预算定额取费中未含有而施工中又实际发生费用的施工内容所办理的签证，如由于施工条件的变化或无法预见的情况所引起的工程量的变化。工程签证单可视为补充协议，如增加额外工作、额外费用支出的补偿、工程变更、材料替换或代用等，应具有与协议书同等的优先解释权，见图 6-3。

### 6.1.4 设计变更

设计变更是工程施工过程中为保证设计和施工质量，而对工程设计进行的完善。设计变更是指设计单位对原施工图纸和设计文件中所表达的设计标准状态的改变和修改。由此可见，设计变更仅包含由于设计工作本身的漏项、错误等原因而修改、补充原设计的技术

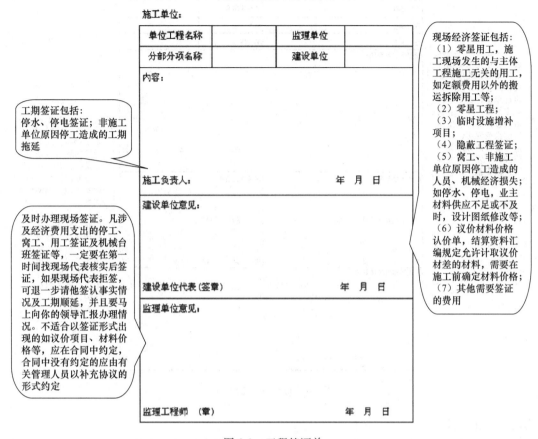

图 6-3　工程签证单

资料。设计变更费用一般应控制在建安工程总造价的 5％ 以内，由设计变更产生的新增投资不得超过基本预备费的 1/3。纠正设计错误以及满足现场条件变化而进行的设计修改工作，一般包括由原设计单位出具的设计变更通知单和由施工单位征得原设计单位同意的设计变更联络单两种。见图 6-4。

## 6.1.5　主要区别

工程联系单、工程洽商记录、工程签证单，几乎所有的参建单位都可能使用。甲方、监理、承建商、供货商等，都会以工程联系单的抬头，向有关单位发文。包括监理单位也有可能向甲方发工程签证单，但通常不是以工程签证为抬头。如果要说三者之间的差别。单纯从建设方这个角度看，工程联系单通常都是使用在不会产生工程费用或直接产生严重后果的场合。比如通知承建商来开会，或者通知停水、停电，提醒注意节假日的工作安排等。

有时工程联系单也会通知产生费用的项目，比如上级领导要来视察，通知承建商"清水洒街"，这显然要产生费用，但这个时候工程联系单仍然仅产生"通知"效用。费用的确认与获得，必须走"工程签证"与"工程洽商"，才会被确认。没有走后面的流程，视为承建商没有费用要求，不论事实上是不是产生了费用。所以常规理解工程联系单都是不产生费用的日常事项。如果产生了费用或其他连带事项，就会激活"工程签证"与"工程

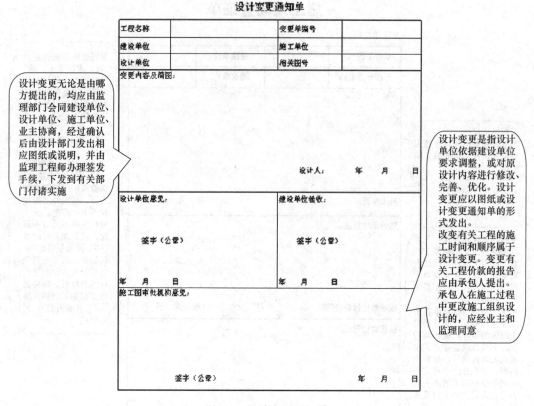

图 6-4 设计变更通知单

洽商"等相关流程。

一旦有费用事项发生，不论什么原因，承建商都应该申报工程签证单。工程签证单都是由承建商向工程师申报，经审批同意后，对工程签证事实的工程量进行确认。在建设方内部，这一块的流程通常由合约成本部与工程项目部联合完成。工程量确认后，承建商并不是就可以直接拿钱了，要根据确定的工程量，重新进行价款事项的审核确认。这一块在建设方内部，通常由合约成本部主办，审核结果报公司领导签字确认后，以公司确认的形式，向承建商确认已签证工程的价款额。

## 6.2　编写工程洽商的技巧培训

工程建设周期长，涉及的经济关系和法律关系复杂，受自然条件和客观因素的影响大，导致项目的实际情况与项目招标投标时的情况相比会发生一些变化。工程变更包括工程量变更、工程项目变更（如发包人提出的增加或删减原项目内容）、进度计划变更、施工条件变更等，原则上有变更必须有洽商。

由于发包人对原设计进行变更，以及经工程师同意的、承包人要求进行的设计变更，导致合同价款的增减及造成的承包人的损失，由发包人承担，延误的工期相应顺延。

而且工程变更也是工程结算资料中必不可少的资料，因此我们要更加重视变更的办理及签署。

## 6.2.1　工程变更的程序

从合同的角度看，不论什么原因导致的设计变更，必须首先由一方提出，因此可以分为发包人对原设计进行变更和承包人原因对原设计进行变更两种情况。

发包人对原设计进行变更。承包人对发包人的变更通知没有拒绝的权利，这是合同赋予发包人的一项权利。因为发包人是出资人、所有人和管理者，对将来工程的运行承担主要的责任。但是变更超过原设计标准或者批准的建设规模时，须经原规划管理部门和其他有关部门的批准，并由原设计单位提供变更后的相应的图纸和说明。

承包人原因对原设计进行变更。承包人应当严格按照图纸施工，不得随意变更设计。施工中承包人提出的合理化建议涉及设计图纸和施工组织设计的更改及对原材料、设备的更换时，须经工程师同意。工程师同意变更后，也须经原规划管理部门和其他有关部门审查批准，并由原设计单位提供变更后的相应的图纸和说明。

## 6.2.2　设计变更产生的原因

（1）修改工艺技术，包括设备的改变。

（2）增减工程内容。

（3）改变使用功能。

（4）设计错误、遗漏。

（5）提出合理化建议。

（6）施工中产生错误。

（7）使用的材料品种的改变。

（8）工程地质勘察资料不准确而引起的修改，如基础加深。

（9）由于天气因素导致施工时间的变化。

由于以上原因提出变更的有可能是建设单位、设计单位、施工单位或监理单位中的任何一个单位，有些则是上述几个单位都会提出的。

## 6.2.3　施工单位提出的工程变更洽商记录注意事项

工程洽商记录，见图 6-5。

（1）注意洽商的办理时限，每个合同要求不一样，注意看本工程施工合同中洽商的时间要求，按合同要求办理，不要拖拉。发生变更时要及时办理变更。

（2）凡需要设计变更的项目，应在收到有效的工程洽商后，再进行施工，杜绝先施工后洽商。不要等到工程都竣工了，洽商还没签完字，再去补签字，又耗力又耗神，给结算带来了麻烦，也不一定能有好的效果。

（3）在办理工程洽商时要先看合同有关费用的约定，有的施工合同约定：如单份洽商单项子目不够××元（含××元）时，费用不予调整；还有的是单份洽商不够××元（含××元）时，费用不予调整。在遇到这种情况时，办理洽商时就要注意技巧了，这样才能得到好的效益。

（4）办理洽商时要把未改变时的现场实际情况描述清楚。不描述或是描述不清时，容易让人产生误会。

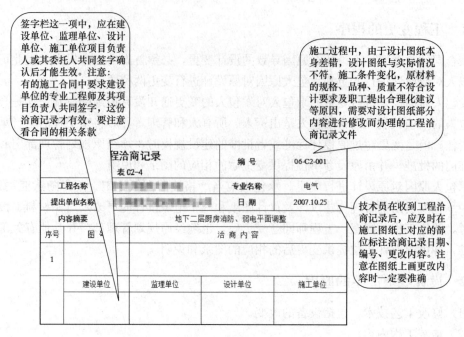

图 6-5 工程洽商记录

（5）技术人员要注意各个专业图纸的一致性，如果各专业图纸相互矛盾，就要及时办理洽商。

（6）对于一些零零碎碎修改的小洽商，套用定额算不出费用的，在甲方允许的情况下，可以额外签一些用工。

（7）其他注意事项：

1）对于办理完的洽商变更，如果新增加了设备材料，即原中标预算没有的材料设备规格、型号，要及时向甲方、监理申报价格，办理有效的认价单。不要等到最后结算的时候再办理，到那时现场的管理人员不一定还在现场，并且时间长了，也不一定能记得那么清晰了。

2）设备材料的进场检验记录也要保存好，记录好时间、数量，要保持它的真实性，以备在以后的结算中有据可查。

3）对于整版换图的洽商，要做到将变换图纸原因罗列清楚，例如应甲方要求、应设计要求等词语应明确，涉及会议纪要或是图纸会审之类的，要将资料保存好，保证签字齐全，一并汇总到洽商里面。然后积极与甲方预算人员沟通，理清变换思路，尽量做到有利于施工方的预算。

例如某甲方为配合精装要求，变换了施工的整版图纸。对于这种洽商，我们应认真核实新版图纸与旧版图纸的差异，若发现原有清单有丢落项的情况，应尽量将差价弥补在此版图纸的洽商里。还要注意：如果预留预埋是按照旧版图纸施工的，后出的新版图纸预留预埋管道变换位置或是管材而不能重复利用的，我们应及时将此部分做好记录和经济预算，报甲方审核。

4）注意审查图纸：

例如有个工程变压器至低压柜连接，图纸中画的型号是铜母带，而我们的技术员没有理解图纸中型号的意思，也没有去查问，就想当然地认为是密闭母线槽，结果在施工中用的也是密闭母线槽，当意识到用错了材质的时候，再去找甲方办理洽商时，人家是绝对不会给我们办理这样的洽商的，这属于你私自变换了材质，加大了成本，甲方是不会给签认的。因此审图时一定要认真。

（8）办理电气工程洽商时注意事项：

1）关于底板接地扁钢办理洽商时需注意事项，电梯、柱子等在底板上的基坑在图纸上无法显示尺寸，在施工过程中要注意把这部分扁钢办理洽商。

2）配管：墙体暗敷设电线管在办理洽商时需要注意踢槽、墙体恢复不要漏掉。明配管中要注意有无支架、接线盒，以及配管的标高，在做明配管的洽商时，最好画上附图、落差标高，这样才能把实际的工程量算全。只看平面图算出的量会和现场中的实际用量差很多。这样画图、写标高虽然很麻烦，但是为了我们的利益，我们也要严格要求自己，不怕麻烦，不要等到结算的时候说不清。

3）在办理材质变更洽商时要充分与经营人员进行沟通与测算，做出对已方有利的洽商。

例如某工程在投标时电气预埋管道是焊接钢管，并且投标时的预算价格高于施工时的采购价格，在此种情况下就不应该建议甲方把焊接钢管变为 PVC 管，虽然变为 PVC 管后，成本会降低，但是施工方总的利润额会下降。

（9）水暖工程洽商记录见图 6-6。

图 6-6　水暖工程洽商记录

## 6.3  工程洽商执行流程制度

工程洽商是工程施工技术文件的重要组成部分，是工程施工的重要依据，同时也是工程竣工后结算的重要依据，因此工程洽商的办理和管理是项目负责人的重要工作之一，并且在办理工程洽商时除需满足技术资料要求外，还必须符合工程成本控制及总承包合同规定的要求。

### 6.3.1  工程洽商记录的编制

（1）工程洽商记录按总承包合同范围内的设计施工图纸、设计变更洽商及相关技术文件进行编制，以便按总承包合同进行竣工后结算。

（2）工程洽商记录要求文字表述要全面、详细、准确（必要时应附图）。同时工程洽商记录办理时还需列明办理原因，如建设单位要求、专业交叉相互影响、施工图纸有误等。

（3）工程洽商记录要分专业办理，内容要详细，必要时要附施工图纸，逐条注明修改的图纸号。所谓内容详细包括以下几个方面：

1）使用的材料规格、型号写清，不得笼统地写钢筋、钢材、混凝土等；

2）工程洽商记录办理原因要写清楚；

3）工程洽商记录后附工程量要求准确全面；

4）工程洽商记录办理时必须把相关技术要求、施工做法描述清楚，不得采用"见图集××号"等写法。

### 6.3.2  工程洽商记录办理的要求

（1）工程洽商记录应分专业办理，内容应清晰翔实，必要时可附图，并逐条注明应修改图纸的图号，经签认的记录不得涂改。

（2）工程洽商记录应由提出洽商单位的工程技术负责人主持填写，经设计、施工、监理、建设单位共同签认后方可实施。

（3）工程洽商记录需进行更改时，应在洽商记录中写明原洽商记录日期编号、更改内容，并在原洽商记录被修正的条款上注明作废标记。

（4）不同单位工程如使用同一洽商记录，可采用复印件或抄件，但应注明原件存放处，并有抄件人签字。

### 6.3.3  工程洽商记录办理的责任人

（1）工程洽商记录的办理，项目技术负责人负有领导责任，在变更项目施工中组织办理相关签认手续。

（2）工程洽商记录由施工单位专业工程技术人员进行编写或责成项目部有关技术人员进行编写并负直接责任；报建设单位专业工程师或专业负责人审核，并履行签字手续；由专业文员反馈给相关专业工程师和预算部门并留置原件存档。

（3）预算部门在审查工程洽商记录时，要对此洽商可能引起的经济洽商有足够的认知度，对需要的图片、文字材料及时收集整理，必要时请建设单位相关人员一同勘察现场，留取资料，接到正式工程洽商记录后，及时编制经济洽商。

（4）经济洽商编制必须及时，避免因隐蔽工程已施工完毕，无法核对实际变更情况，出现脱离实际的经济洽商。

## 6.4 如何做好现场签证

在工程建设过程中，设计图纸以外及施工图预算中没有包含但现场又实际发生的施工内容很多，如地下障碍物的拆除或恢复、人力不可抗拒灾害造成的损害、措施性工程、地质条件发生变化、施工现场受各种因素的限制而导致施工条件的改变，等等。对于由这些因素所引起的费用，有人称之为"预算外"费用，也有人称之为"现场签证"费用。由于它在整个工程投资中所占的比例较小，所以各种教科书中谈及的篇幅较少，有关这方面的专题讨论和论著也很少。笔者根据多年的工作经验，认为此项费用虽然占总投资的比例不大，但若不严格管理、堵塞漏洞，就会因小失大，势必增加总投资。有人说，一些施工企业为了赚钱和弥补亏损都靠现场签证来实现，这虽然有些夸大其词，但也从侧面反映了现场签证管理的重要性。下面是笔者根据自己以往的经验，总结的几点看法。

### 6.4.1 现场签证的概念

笔者认为这一工程费用称之为现场签证费用比较妥当。若称之为预算外费用，则其范围大，涵盖面比较广泛，不能真实地反映实际，现场签证费用只是它其中的一个方面。因此，确切地说，现场签证费用是指施工图及施工图预算以外，在施工过程中因工程实际需要而必须进行的各项工程及其耗用的工料和其他费用。一般是由施工企业详细做出记录，并由现场监理人员签证，以此作为编制预算、办理结算的依据。根据国家的有关规定，现场签证费用属于预备费的范畴，一般来说不能超过工程总价的1%。

### 6.4.2 现场签证与设计变更的严格划分

工程的建设要有施工图，它犹如设计人员的一部作品，由于受各种条件、因素的限制，往往会存在某些不足，这就需要在施工过程中加以修改、完善，所以要下发设计变更通知单。但须注意的是，设计变更与现场签证是有严格的区别和划分的。属于设计变更范畴的应该由设计部门下发通知单，所发生的费用按设计变更处理，设计部门不能因为怕设计变更的数量超过考核指标或者怕麻烦，而把应该发生变更的内容变为现场签证。

另外，工程开工前的施工现场"三通一平"、工程完工后的余土外运等费用，严格说来也并非属于现场签证的范畴，而是由于某些建设单位管理方法和习惯的不同而人为地划入现场签证范围以内的。

### 6.4.3 现场签证的管理

施工企业对施工过程中发生的有关现场签证的费用随时做出详细的记录并加以整理，即分门别类，尽量做到分部分项或单位工程、单项工程分开；现场签证单多的要进行编号，同时注明发生时间、施工单位名称并加盖公章。建设单位或监理公司的现场分管监理人员要认真加以复核，办理签证并签字、注明日期，若有改动部分要加盖私章，然后由主管复审后签字，最后盖上公章（即"两章一签"）。

一般现场签证均由建设单位管理人员（或监理公司的监理人员）负责。要求管理人员首先要熟悉整个基建管理程序以及各项费用的划分原则，把握住哪些属于现场签证的范围，哪些已经包含在施工图预算或设计变更预算中却不属于现场签证的范围。以"守法、诚信、公正、科学"为活动准则，使现场签证准确无误，如实反映工程的实际。其次，建立健全各项规章制度，各个部门之间互相制约，使其管理科学化、规范化，堵塞管理上的漏洞，防止扯皮现象的发生。在签证过程中尤其要坚持以下几个原则：

（1）准确无误原则。工程量签证要尽可能做到详细。不能含糊其辞，以方便预算审批部门进行工程量计算为原则。凡是可明确计算工程量的内容，只能签工程量而不能签人工工日和机械台班数量。

（2）实事求是原则。凡是无法计算工程量的内容，可只签所发生的人工工日或机械台班数量；但应严格把握，实际发生多少签多少，不得将其他因素考虑进去以增大数量进行补偿。

（3）废料回收原则。因现场签证中许多是障碍物拆除和措施性工程。所以，凡是拆除和措施性工程中发生的材料或设备需要回收的（不回收的需注明），应签明回收单位，并由回收单位出具回收证明。

（4）现场跟踪原则。为了加强管理，严格投资控制，凡是费用超过1万元的签证，在费用发生之前，施工单位应与现场监理人员以及造价审核人员一同到现场查看。

（5）授权适度原则。分清签证权限，加强签证管理。签证必须由谁来签认，谁签认才有效，什么样的形式才有效等事项必须在合同中予以明确。

## 6.4.4　现场签证费用预算的编制原则及处理方法

（1）由于现场签证费用是整个工程投资的一部分，所以该费用预算的编制及结算应与正规的预算编制原则和程序相一致；其中执行的定额、基价及取费标准也应与主体工程所签合同规定相吻合。应该克服那种不管合同，只根据施工企业等级制定一个综合系数，而且几年不变的做法。

（2）工程中所使用的材料、设备，其供应原则及办法应与施工合同的有关规定相一致；材料价差的处理应符合国家及地方的现有规定。

（3）按照国家规定及国际惯例，现场签证费用的审核应由现场监理工程师负责。但根据我国的现状，由于监理工程师对工程造价方面的知识掌握程度存在差异，还是由工程造价管理专业人员把关为宜。

（4）对拆除工程的旧材料、旧设备以及措施性工程中所发生的一次性使用材料、设备，原则上应由建设单位的材料和设备供应部门回收，且回收所发生的费用由回收部门承担。施工单位凭回收证明，与预算审核部门处理其相关费用。如建设单位不回收，则施工单位会同建设单位的有关部门现场鉴定、摊销、折价后交给施工单位，并在预算中扣除其价款。

（5）现场签证费用不论是施工单位，还是建设单位或者监理公司均应及时处理，以免由于时间过长而引起不必要的纠纷。

（6）无论是施工单位依据现场签证单所编制的预算审核还是建设单位或监理公司进行审

核，必须注意签证单上的内容与设计图纸、定额中所包含的内容是否有重复之处，重复项目内容必须予以剔除，因为有些工作内容虽然没有在图纸上反映，但含在定额之中。

另外，在处理地下障碍物拆除工程时，应注意拆除物已按现场签证处理，所以应扣除原招标或施工图预算中已给的土方开挖量，避免重复计算。

综上所述，只要在工程建设中各方都抱着认真负责的态度，本着实事求是的原则，就一定能管好、用好现场签证这笔费用，真实反映工程的原貌。

## 6.5 工程签证的技巧

工程施工过程中往往会发生设计变更、进度加快、标准提高、施工条件、材料价格等变化，从而影响工期和造价。一些施工企业在经过残酷压价，低价中标后，正是利用设计变更、工程签证这些环节的漏洞，采取一些手段，增强填写签证单的有效性，使签证成果得到合理的固定，并通过变更设计增加项目或提高价格等手段，保证其利润。

### 6.5.1 利用签证可信度转变签证主体

目前，由设计单位、建设单位出具的手续在工程结算审价时的可信度要高于由施工单位发起出具的手续。现场经济签证多由施工单位发起申请，由于利用签证多结工程款的做法较普遍，现场经济签证的可信度较低。因此，施工企业为了保证其利润，就要想方设法将签证变成由设计单位签发的设计修改变更通知单，实在不行也要变成由建设单位签发的工程联系单，最后才是现场经济签证。

工程签证是工程承发包双方在施工过程中按合同约定支付各种费用之外，在施工过程中发生的与设计图、施工方案、施工预算项目或工程量不相符，需调整工程造价、顺延工期、赔偿损失所达成的双方意思表示一致的补充协议，互相书面确认的签证即可成为工程结算或最终结算增减工程造价的凭据。

### 6.5.2 增强签证单有效性固定签证成果

在填写签证单时，施工单位要使所签内容尽量明确，能确定价格最好。这样竣工结算时，建设单位审减的空间就大大减少，施工单位的签证成果就能得到有效固定。施工企业填写签证时按以下优先次序确定填写内容：能够直接签总价的就不签单价；能够直接签单价的就不签工程量；能够直接签结果（包括直接签工程量）的就不签事实；能够签文字形式的就不附图（草图、示意图）。

施工企业按照有利于计价、方便结算的原则填写涉及费用的签证。如果有签证结算协议，填写内容应与协议约定计价口径一致；如果无签证结算协议，按原合同计价条款或参考原协议计价方式计价。另外，签证方式要尽量围绕计价依据（如定额）的计算规则办理。

### 6.5.3 利用变更设计增加项目或提高价格

施工单位除按合同规定、设计要求进行正常工程施工外，还可利用招标时所发现的招标文件、设计图纸中的缺陷以及投标技巧，通过设计变更达到增加利润的目的。设计变更，特别是有利于施工单位的设计变更，是当前施工企业创利的重要手段。

可以利用设计变更创利的情况主要有以下两种：

（1）结构的某些主要部位已设计，其辅助性结构或某些分项工程的设计注明由施工企业设计、设计单位认可的情况，如大型结构的预埋件、构造配筋、加固方案等，这相当于帮助设计单位干活，自然是施工企业创利的最佳机会。

（2）设计要求与施工企业已熟悉的施工工法不一样。

## 6.6 建设单位加强设计变更和施工管理措施

（1）建立完善的管理制度。

只有明确规范领导、施工技术、预结算等有关人员的责任、权利和义务，才能规范各级工程管理人员在设计变更和工程洽商中的管理行为，提高其履行职责的积极性。

（2）加强图纸会审工作。

将工程变更的发生尽量控制在施工之前。在设计阶段，克服设计方案的不足或缺陷，所需代价最小，而取得的效果却最好。在设计出图前，组织工程科、预算部对图纸技术上的合理性、施工上的可行性、工程造价上的经济性进行审核，从不同角度对设计图纸进行全面的审核管理，以求提高设计质量，避免因设计考虑不周或失误给施工带来洽商，造成经济损失。

（3）建立合同交底制度。

让每一个参与施工项目的工作人员了解合同，并做好合同交底记录，必要时将合同复印件分发给相关人员，使其对合同内容全面了解，做到心中有数，分清甲乙方的经济技术责任，便于在实际工作中运用。

（4）及时、准确地办理工程洽商。

为了确保工程洽商的客观、准确，首先强调办理工程洽商的及时性。一道工序施工完，时间久了细节容易被忘记，如果后面的工序将其覆盖，客观的数据资料就难以甚至无法证实。因此，一般要求承包方自发生洽商之日起 20 日内将洽商办理完毕。其次对洽商的描述要客观、准确，要求隐蔽签证要以图纸为依据，标明被隐蔽部位的项目和工艺的质量完成情况，如果被隐蔽部位的工程量在图纸上不确定，还要求标明几何尺寸，并附上简图。施工图以外的现场签证，必须写明时间、地点、事由、几何尺寸或原始数据，不能笼统地签注工程量和工程造价。签证发生后应根据合同规定及时处理，审核应严格执行国家定额及有关规定，经办人员不得随意变通。同时要求建设单位、施工单位工程技术人员要加强预见性，尽量减少洽商发生。

（5）凡是没有经过监理工程师、建设单位现场代表认可而签发的变更一律无效。经过监理工程师、建设单位现场代表口头同意的，事后应按有关规定补办手续。

总之，建设单位对设计变更和工程洽商的管理应贯穿于建设项目的全过程，这同时也是对工程质量、工程进度、工程造价的一个动态管理过程。这就要求建设单位的工程技术人员不断提高整体素质，在工作中坚持"守法、诚信、公正、科学"的准则，在实践中不断积累经验，收集信息、资料，不断提高专业技能，这样才能减少甚至避免建设资金的流失，最大限度地提高建设资金的投资效益。

# 7 施工技术管理

## 7.1 技术管理工作概述

### 7.1.1 技术管理的定义

施工项目的技术管理是对各项技术工作要素和技术活动过程的管理。

（1）技术工作要素包括技术人员、技术装备、技术规程、技术资料。

（2）技术活动过程是指技术计划、技术运用、技术评价。

技术作用的发挥除取决于技术本身的水平外，在很大程度上还依赖于技术管理水平，没有完善的技术管理，再先进的技术也是难以发挥作用的。

### 7.1.2 技术管理的任务

施工项目技术管理的任务主要有：

（1）正确贯彻国家和行政主管部门的技术政策，贯彻上级对技术工作的指示与决定。

（2）研究、认识和利用技术规律，科学地组织各项技术工作，充分发挥技术的作用。

（3）确立正常的生产技术秩序，进行文明施工，以技术保工程质量。

（4）努力提高技术工作的经济效果，使技术与经济能够有机地结合起来。

## 7.2 技术管理基础工作

### 7.2.1 技术管理工作内容

技术管理工作内容有：

（1）实行技术责任制、执行技术标准与技术规程、制定技术管理制度、开展科学试验、交流技术信息、管理技术文件等。

1）由项目技术负责人带头主持项目的技术、质量管理工作，对工程技术、工程质量全面负责。

2）在施工中严格执行现行国家建筑法律、法规、规范和标准，严格按图施工。

3）向下属施工技术人员进行技术和质量标准交底，组织技术人员、工人学习贯彻技术规程、规范、质量标准，并随时检查执行情况。

4）督促检查作业班组、施工人员的施工质量，确保工程按设计图纸及规范标准施工，并负责组织质量检查评定工作。

5）参与项目工程质量检查，主持项目的质量会议，对质量问题提出整改措施并监督及时处理。

6）指导样板施工。

7）按照国家规范、规程、标准及设计要求，指导并督促施工员及时做各种原材料和半成品、设备的检验，以及土建工程和设备安装工程的各种功能性检验。

8）指导施工员的施工技术工作，督促施工员做好工程项目的原始施工记录及施工大事的记录工作，做好基础放线和主体施工的轴线、标高的标识、复查和记录。

（2）施工工艺管理、技术试验、技术核定、技术检查等，见图7-1。

图 7-1　外墙保温耐火试验

（*a*）0min；（*b*）7min；（*c*）9min；（*d*）10min

1）编制施工组织设计、总平面布置图，制定切实有效的质量、安全技术措施和专项方案。

2）根据公司下达的年度、月度总进度目标，编制项目详细的月、周进度计划。

3）组织图纸自审、会审，及时解决施工中出现的各种技术问题。

4）组织办理项目的施工技术文件及技术资料签证。

5）组织办理项目设计变更、技术核定、现场签证索赔工作。

6）协调各专业工种间的技术交叉配合工作。

（3）技术培训、技术革新、技术改造、合理化建议等。

1）组织并参与项目人员的技术培训。

2）在确保工程质量的前提下，负责新工艺、新技术、新材料的应用。

3）检查安全技术交底，参与安全教育和安全技术培训，参与对安全事故的调查分析，提出技术鉴定意见和改进措施。

4）负责项目技术资料、项目信息化管理、档案资料立卷和归档工作。

5）参与隐蔽工程的验收和分部工程的质量评定，并负责具体指导工程技术档案的收集、整理、编目、装订，经审查合格后，上报总公司或工程公司，同时做好竣工验收的预验工作。

（4）技术经济分析与评价。

1）工程开工前组织召开施工组织设计研讨会，通过技术经济分析，制定出技术可行、经济合理的施工组织设计，降低工程成本。

2）施工过程中，通过多种方案、措施、进度计划与现场实际施工相结合，综合比较其技术可行性、经济性，选择最优方案。

3）工程竣工后，技术人员应该对工程所采取的施工方案及措施进行综合的技术经济分析，分析施工方案及措施的经济效果，总结施工中所采取的施工方案及措施的得与失，为今后的施工积累经验财富。

## 7.2.2 技术管理工作制度

施工项目主要的技术管理工作制度有：

（1）施工图纸学习和会审制度、施工组织设计管理制度、施工技术交底制度、工程材料与设备检验制度、工程质量检查及验收制度、施工技术组织措施计划制度、施工技术资料管理制度、施工测量管理办法、施工试验检测管理办法、工程计量管理办法、工程质量奖罚管理办法等。

1）由项目技术负责人组织技术人员进行图纸学习，并参与建设单位组织的图纸会审，各专业技术人员在拿到施工图之后要认真熟悉图纸，了解设计意图及技术标准的要求，熟悉工艺流程和结构特点等重要内容。检查施工图纸是否符合国家现行有关标准、经济政策的相关规定；对比自身企业施工技术设备条件是否满足设计要求，现有技术力量是否满足图纸中特殊施工技术措施的要求，是否能保证工程质量和安全；有关特殊技术或新材料的要求，其品种、规格、数量等是否满足需要及工艺要求；土建专业是否与其他专业存在矛盾冲突等。

2）施工组织设计是以一个施工项目或建筑群体为编制对象，用以指导各项施工活动的技术、经济、组织、协调和控制的综合性文件，由此看出其对项目的规范运行尤为重要，因此必须对施工组织设计的编制、审批、执行加以管理，确保其按既定计划规范运行。

3）施工组织设计各方案实施前，由项目技术负责人主持召开技术交底会议，项目技术负责人向各专业技术负责人进行交底，再由各专业技术负责人向其下属技术人员及施工班组进行交底，交底双方要进行书面签字确认。

4）在材料、半成品及加工订货进场后，项目负责人组织专业负责人、班组指定人员参加联合检查验收。检查内容包括：产品的质量证明文件和检测报告是否齐全；实际进场物资数量、规格、型号是否满足设计和施工要求；物资的外观质量是否满足设计和规范要求；按规定须抽检的材料、构配件是否及时抽检等。材料进场检验合格后，送货单由专业负责人及班组指定人员共同签字，专业负责人组织填写《材料、设备进场检验记录》，参与检验的人员签字后报监理验收，见图7-2、图7-3。

图 7-2 材料进场检验（一）

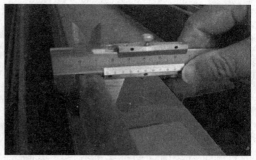

图 7-3 材料进场检验（二）

5）按规定须进行复试的材料，外观检验合格后，由项目负责人组织按规范规定对材料进行取样，送检验部门检验。同时，做好监理参加的见证取样工作，材料复试合格后方可使用。项目负责人负责对材料的抽样复试工作进行监督检查，见图 7-4，图 7-5。

图 7-4 见证取样（一）

图 7-5 见证取样（二）

6）对于设备的进场验收，由项目负责人组织，专业负责人及班组指定人员参加，进行设备的检查和调试并签字报监理验收。专业负责人负责填写《设备、材料进场检验记录》，见图 7-6。

7）检验过程中发现的不合格材料、设备，原则上应做退货处理，并进行记录，按"外埠进入不合格"进行处置，报公司材料部门。如可进行降低使用或改作其他用途，由材料部门签署处理意见。

图 7-6 施工电梯进场验收

8）专业负责人及现场指定收货人员要做好材料的品种、数量清点工作，进货检验后要全部入库，及时点验。

9）建筑工程的施工测量主要包括工程定位测量、基槽放线、楼层平面放线、控制线投射、楼层标高抄测、建筑物垂直度及标高测量、沉降观测及变形观测、建筑实体测量、竣工工程的测绘与竣工图的绘制等，见图 7-7。

10）施工测量人员必须持证上岗，测量人员的能力和技术水平应满足施工测量内容的要求；项目部还应对测量人员进行定期或不定期的专业培训，学习先进的施工测量技术，掌握新的施工测量仪器的使用方法，组织测量人员进行施工测量放线方案交底和项目特点介绍。

图 7-7　沉降观测

11）施工测量仪器由专人负责管理，责任落实到人；施工测量仪器的配备应满足测量内容和精度的要求，并按计量管理的要求进行定期检定、校准和维护，发现问题及时处理，保证测量工作的准确性。

12）项目技术负责人组织技术人员做好工程量的计算与核算，配合经营部门做好工程进度款的计量，组织办理项目设计变更、技术核定、现场签证索赔工作。

13）设定质量标准，将质量标准与奖惩管理办法纳入公司项目管理制度内，并严格执行。

（2）主要的施工项目技术管理工作

施工项目组织应该重点做好以下技术管理工作：

1）认真学习设计文件，仔细审查施工图纸，了解工程特点、设计意图和关键部位的工程质量要求，减少由于设计图纸差错而造成的施工损失。

2）建立技术交底责任制，使参与施工的人员熟悉和了解所负担工程的施工特点、设计意图、技术要求、施工工艺和应该注意的问题，加强施工质量的检验、监督和管理。

3）隐蔽工程项目在隐蔽前应进行严格检查，并做出记录和签署意见，及时办理验收手续，有问题需要复检的须办理复检手续并做出结论，见图 7-8、表 7-1。

图 7-8　钢筋隐蔽验收

钢筋工程隐蔽检查验收记录表　　　　　　　　　　　　　　　　表 7-1

工程名称：××中学教学楼　　　　　　　　　　　　　　　　　工程编号：2020-01

| 验收部位 | | 二层梁板 | 验收日期 | 2020 年 04 月 20 日 |
|---|---|---|---|---|
| 质量检查情况 | 检查项目 | 施工单位自检 | | 建设（监理）查检 |
| | 钢筋材质试验或证明 | 钢材质量控制资料符合设计要求 | | 经复检符合要求 |
| | 焊接质量及试验 | 焊接试验资料符合设计和规范要求 | | 经复检符合要求 |
| | 主筋规格数量及间距 | 主筋制作与安装符合设计图纸要求 | | 经复检符合要求 |
| | 锚固和搭接长度 | 钢筋锚固和搭接长度符合设计要求 | | 经复检符合要求 |
| | 接头部位 | 钢筋接头部位符合设计和规范要求 | | 经复检符合要求 |
| | 保护层垫块 | 梁板钢筋保护层均按要求垫置垫块 | | 经复检符合要求 |
| | 模板自检评定 | 模板自检评定合格 | | 经复检符合要求 |
| | 钢筋自检评定 | 钢筋自检评定合格 | | 经复检符合要求 |
| | 承重墙柱自检评定 | | | |
| | 原材料试验及配合比 | 砂、石和水泥有试验，有混凝土配合比 | | 经复检符合要求 |
| | 预埋件预留洞位置 | 有按设计图纸要求预埋并校对正确 | | 经复检符合要求 |
| | 施工缝设置处理 | 一次性连续浇灌，不留置施工缝 | | 经复检符合要求 |
| 结论 | 本钢筋检验批质量经施工单位自检合格后，向监理单位报验，经监理单位复检符合设计图纸要求，并同意施工单位进行混凝土的浇灌 | | | |

　　4）在工程项目或分项工程施工前进行预先检查并做好记录，防止可能发生的差错造成质量事故。

　　5）总结以往的经验或教训，编制施工技术措施计划，抓好技术措施计划的贯彻执行，切实落实施工技术措施计划。

## 7.2.3　技术管理过程中需注意的问题

　　（1）项目技术管理措施落实不到位

　　1）未能严格执行施工技术方案、安全技术方案，导致相关部位工程质量下降或留下安全隐患，见图7-9、图7-10。

图 7-9　钢筋移位

设备电源线没有采取保护措施，直接放在地上（钢筋处），极易发生破损及触电事故

图 7-10　设备电源线

2）工程技术资料、项目内部技术管理资料未按规定进行记录、收集和整理，导致工程技术资料与工程实体进度不同步，甚至存在严重错误，影响了工程项目的验收工作和工程进度。

3）项目内部技术管理资料的缺乏、错漏，给以后项目技术管理经验的总结带来困难，也难以给项目其他方面的管理传递正确有效的信息。

存在这些问题的根本原因是对项目技术管理不够重视，没有建立或落实项目技术管理制度，项目技术管理人员的权力过小。应当在公司一级的管理制度中明确对项目技术管理的要求，明确各技术管理岗位人员的职责和权力，从程序上明确项目技术管理人员在项目管理中的地位，树立其威信。

（2）项目技术管理人员工作经验和技术水准不足

由于企业新开工项目的迅速增加，新成立的众多建筑公司需要引进有经验的工程技术管理人员，并且其他相关行业如房地产、监理行业等的发展吸收了不少施工企业的工程技术管理人员，导致项目技术管理人员的缺乏和部分在岗的技术管理人员素质达不到要求，有些技术管理人员同时兼任多个项目的技术管理职位。解决这个问题需要施工企业加强对技术管理人员的培训，提高其综合素质和业务能力，增加企业的人才资源。

（3）项目技术管理经验的积累和提升

许多企业和项目部不重视竣工后阶段的项目技术管理工作，技术管理总结程序没有得到实施。一个工程项目施工完毕后，项目部所获得的成功管理经验或教训没有通过相应的程序保存下来，重要的技术经济数据、技术管理资料和提出的建议没有系统地进行存档和整理。

## 7.2.4 技术管理的意义和作用

（1）技术管理的意义

技术管理贯穿于工程项目实施的全过程（施工准备阶段、施工阶段、竣工后阶段）。从内容来看，技术管理内容与项目其他方面管理内容相互衔接、相辅相成，共同为工程项目管理的顺利实施而服务，是实现项目管理目标的重要手段之一。

技术管理是从技术角度保证实现对工期、成本的有效控制：从前期施工准备阶段的原始资料调查分析、编制合理可行的施工组织设计、全面的图纸会审等环节，到项目施工过程中合理的施工方案的编制及实施、为减少返工和返修损失对施工过程及过程产品而进行动态控制、合理工程变更的提出、进行"四新"项目应用等环节，都是以降低成本、加快进度为中心来进行技术组织管理。

良好的技术管理是施工组织设计实施的技术保障，特别是在施工条件困难、环境差、结构复杂、技术难度大、工期紧的工程施工中，所选择的施工技术方案是否经过经济技术分析、是否经过优化等对其施工进度、工程成本控制更是起到关键作用。良好的技术管理能促进项目管理目标的实现，确保项目的进度、质量、成本在可控范围内，有效避免因技术管理不当造成的损失。

管理作为永恒的话题，关系到企业的成败兴衰。要提高企业的竞争能力，提高经济效益，必须抓好"管理"这个关键。而技术管理是企业管理的重要组成部分。通过技术管理，才能保证施工过程的正常进行，才能使施工技术不断进步，从而保证工程质量，降低工程成本，提高劳动生产率。通过技术管理，可以逐步改变施工企业的生产和管理面貌，改变施工企业的形象，提高企业的竞争能力。

（2）技术管理的作用

1）保证施工遵循科学技术和科学技术发展规律的要求，确保正常施工程序的进行。

2）通过技术管理，不断提高企业管理水平和员工技术业务，从而能预见性地发现和处理问题，把技术和质量事故隐患提前消灭，保证工程施工质量。

3）能充分发挥施工人员及材料、设备的潜力，在保证工程质量的前提下，努力降低工程成本，提高经济效益和提升市场竞争能力。

## 7.3 工程资料管理

### 7.3.1 工程资料管理的意义

建筑工程资料是单位工程施工全过程的原始资料，是反映工程内在质量的凭证。

随着单位工程施工的持续开展会形成种类繁多的项目文件资料，如施工前期的筹划资料、施工过程的记录、竣工验收资料等。这些资料全面反映了整个工程建设的详细情况。它们对工程质量的评定，工程竣工后的收尾工作以及对新建工程的准备等都具有重要的利用价值。

### 7.3.2 工程资料管理的内容

工程资料管理的内容包括：施工管理资料的管理、施工技术资料的管理、工程质量控制资料的管理。

（1）施工管理资料的管理包括：工程概况、工程项目施工管理人员名单、施工现场质量管理检查记录、施工进度计划分析、项目大事记、施工日志、不合格项处置记录、工程质量事故报告、建设工程质量事故调（勘）查笔录、建设工程质量事故报告书及施工总结等资料的管理。

（2）施工技术资料的管理包括：工程技术文件报审表、技术管理资料、技术交底记录、施工组织设计、施工方案、设计变更文件、图纸审查记录、设计交底记录及设计变更、洽商记录等资料的管理。

（3）工程质量控制资料的管理包括：工程定位测量及放线验收记录，各原材料出厂合格证及进场检验报告与复验报告，混凝土及结构强度评定报告，各隐蔽工程验收记录，预埋件、钢筋等拉拔试验报告，墙面材料（保温、瓷砖等）拉拔试验报告，防水蓄水试验验收记录，幕墙及外窗的三性检验报告，建筑物沉降观测记录，建筑物垂直度标高全高测量记录，土建工程安全和功能检验资料，节能保温检测报告，室内环境检测报告，单位（子单位）工程质量竣工验收记录，单位（子单位）工程质量控制资料检查与核查记录，单位（子单位）工程安全和功能检验资料核查及主要功能抽查记录，单位（子单位）工程观感质量验收记录，各分部分项工程及检验批验收记录等资料的管理。

### 7.3.3 工程资料管理的方法

（1）制定工程资料管理制度，制定工程资料编制方案

制度是执行路线的保证，坚持持证上岗，实施岗位责任制，明确各施工管理人员记录

的工程资料内容，以便资料员收集整理。工程资料编制方案是工程资料整理的依据，如在方案中明确施工检验批的划分数量、各种材料的检验批次和检查点数、各施工工序的检查部位，以便工程资料整理记录与工程实际相符。

（2）及时做好工程资料记录和收集工作

工程资料是施工质量情况的真实反映、真实记录。因此要求各资料必须与施工同步，及时收集整理。要指定专人负责管理工程资料，负责对质保资料逐项跟踪收集，并及时做好分部分项质量评定等各种原始记录，使资料的整理与工程形象进度同步，杜绝工程收尾阶段再补做资料现象的发生。

（3）确保工程技术资料的真实性和准确性

1）真实性是做好工程技术资料的灵魂。

不真实的资料会把我们引入误区，工程一旦出现质量问题，不真实的资料不仅不能作为技术资料使用，反而会造成工程技术资料混乱，以致误判，同时也不能为提高工程质量等级提供事实依据，因此要求资料的整理必须实事求是、客观准确。

2）准确性是做好工程技术资料的核心。

分部分项划分要准确，数据计算要准确，不可随意填写，所用资料表格要统一、规范，文字说明要规范，表格不可出现涂改现象。各工程的质量评定应规范化，符合质量检验评定标准的要求。

（4）确保工程技术资料的完整性

不完整的技术资料将会导致片面性，不能系统地、全面地了解工程的质量情况。不仅资料内容要完整，而且所涉及的数据要有据可循，现场原始资料要完整。一份完整的施工资料不仅要有施工技术资料，还要有相应的实验资料和质量证明材料，确保资料的完整性。除此之外，施工日志、测量资料也同样重要，也是质量评定表上的数据的重要依据。

（5）职责分明，签认齐全

各级质量验收人员都应明确职责，不可越级评定，马虎过关。资料上要有各方责任主体会签并盖章齐全。

（6）做好技术资料的整理保管工作

由于现场的技术资料分散在很多人手中，因此要求由专人负责把资料收集回来进行统一的分类整理。同时做好施工过程中各种影像资料的收集归档工作，如施工过程隐蔽验收电子版照片、各种验收照片、检验检测照片等。

资料保管要求有专门的资料柜，同时要有防潮、防虫、防高温的措施，见图7-11。

（7）有爱岗敬业、勇于奉献的精神

资料员要尽职尽责，认真做好每一项资料的收集与整理，勤于到现场实际查看工程进度情况，勤于了解质检、安全、材料方面的事，勤于及时地通过三方见证、报验、送检，勤于及时填写各种隐蔽工程资料并及时找相关方签证，勤于到现场落实工程施工情况，比如柱配筋是否与图纸相符等，力求做到资料与施工同步，真实记录施工全过程，见图7-12。

（8）加强设计图纸绘制工作

对变更进行规范标注，要求采用仿宋黑字体，并注明变更编号、时间，注写变更员姓名等。对变更内容超过总内容1/3的图纸重新绘制，按规范折叠，并盖竣工图章，以降低工程档案保存难度，方便查阅检索。

工程资料柜应放在单独的资料室，由专人保管，资料分类清晰、标识明确，资料柜上贴有相对应的资料名称及编号，方便查阅

图 7-11 工程资料柜

资料员要勤于到现场实际查看工程进度及现场实际施工情况是否与图纸相符

图 7-12 资料员现场查看钢筋间距

（9）加强对工程档案资料的审核工作

公司主管部门要加强对工程档案资料的审核，对于存在的问题要限期整改，整改完毕需重新审核检查。

# 8 建筑施工过程成本控制要点

## 8.1 土方工程成本控制要点

### 8.1.1 建设方控制

作为建设方，应该平衡土方，试算出合适的建筑标高，并可以在投标时明示施工单位，场地土方不买土回填，也不外运，见图 8-1、图 8-2。

一般情况按±0.000计算，但要根据实际情况给出相对标高

图 8-1　土方运输

合同签订前对现场进行实地勘察，慎重约定堆土运距及堆土地点，杜绝使用"挖土就近堆放"等字眼，避免因施工方二次倒运发生索赔

图 8-2　场地堆土

### 8.1.2 施工方控制

（1）作为施工方，做好土方施工方案（工作面），尽量少挖土、少回填，节约工期和造价，见图 8-3。

图 8-3 土方开挖

（2）人工清槽随着机械开挖进程进行，这样清出的土方能够立即被挖土机转走，见图 8-4。

图 8-4 桩间土开挖

## 8.1.3 土方工程成本控制实例

某新农村安置项目总占地面积约 1.5 万 $m^2$，有别墅 60 栋，沿东西方向分三排布置，每排 20 栋，如图 8-5 所示，地势西高东低，北高南低。场地南北向长 300m，高差 2m，东西向宽 50m，高差 1m。由于高差较大，挖方量大，经过与业主和设计沟通，最终决定利用原有地势使别墅排、列间成错台布置，大大减少挖填方量。

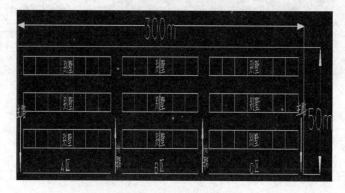

图 8-5 别墅排布图

## 8.2　砌筑工程成本控制要点

### 8.2.1　灰缝控制

（1）严格控制灰缝大小，在砂浆比砖贵的情况下，砂浆灰缝应尽量留小，反之则应尽量留大，见图8-6。

图 8-6　墙体砌筑（一）

（2）选取最佳砌筑方法，砌筑时随砌随清理落地灰，以便回收利用，见图8-7。

落地灰及时清理回收

在满足规范要求的前提下，在可调的范围内对灰缝进行调整

图 8-7　墙体砌筑（二）

### 8.2.2　配合比控制

施工单位要加强对配合比的管理，在开工之前称量出每盘的施工配合比，然后在斗车上做个记号，见图8-8。

采用预拌砂浆

图 8-8　预拌砂浆

### 8.2.3 砌筑材料损耗控制

（1）施工前签订损耗合同，或者在分包合同中加上相应的条款，指定最大的损耗率，现场的砖渣不准随便转运，留作证据，见图8-9。

碎砖拍照留底，双方确认

图8-9 砌体墙施工

（2）砌体材料进场时可直接放置在砌筑地点，或就近放置，尽量降低二次倒运造成的损耗，见图8-10、图8-11。

砌体材料堆架空覆盖，避免破坏

图8-10 加气块

砌体材料堆未架空覆盖，且底部积水，砌体材料吸水率过大易损坏

图8-11 砌体材料堆放

### 8.2.4 砌筑工程成本控制实例

某框架结构商场工程包括混凝土加气块砌体10000m³，为控制砌筑成本，采用预

图 8-12 砌块码放

拌砂浆，砌块进场后将一层的砌块放置在首层室内，二层以上的砌块用快速施工电梯运至各层。进场砌块在室外码放时底部应垫高，并搭设防护棚，见图 8-12。

砌筑分包单位必须按照项目部要求，严格控制砌块损耗率在 3% 以内，损耗率高于 3% 的按合同中约定条款罚款，同时砌筑过程中专人检查，落地灰随时清理，碎砖均拍照留作证据。通过以上一系列措施，可有效控制材料成本。

## 8.3 自拌混凝土成本控制要点

### 8.3.1 原材料控制

购进合格的材料有时比购进劣质的材料更合算，便宜的砂石料含泥量较大，做配合比时会大幅度提高水泥含量，得不偿失，见图 8-13。

不要在试验方面节约，要多做试验多作比较，选择最优的拌合材料

图 8-13 自拌混凝土

### 8.3.2 使用过程控制

混凝土的清理由混凝土浇筑班组负责，而且是全过程负责，包括拆模后的地面清理，这样做的好处就是班组不会浪费混凝土，模板缝里漏出的水泥浆也会被及时利用，最大限度地降低损耗，见图 8-14。

余料收集使用

图 8-14 混凝土余料

## 8.4 商品混凝土成本控制要点

### 8.4.1 合同中控制

签订合理的合同，强烈要求按图纸结算，如果商品混凝土方认为施工方会因此浪费材料的话，可以要求其与监理方在浇筑后共同检查，见图 8-15。

混凝土浇筑过程中核查混凝土实际浇筑方量与随车票据方量是否相符，避免罐车方量不足现象发生

图 8-15 混凝土浇筑

### 8.4.2 模板施工质量控制

严格检查模板施工质量，防止跑模、胀模现象出现，见图 8-16、图 8-17。

做好模板施工方案及过程检查

图 8-16 模板施工

混凝土浇筑过程中安排专人看模，防止爆模、跑模发生

图 8-17 混凝土浇筑

## 8.5　模板工程成本控制要点

### 8.5.1　模板进场控制

（1）严格检查模板质量，表面平整无翘曲，厚度、刚度满足施工要求，这样的模板施工拼缝严密，既能节约混凝土，保证工程质量，还在一定程度上保护了模板，见图8-18。

拼缝处缝宽大于3mm的使用木条钉实，缝宽小于3mm的使用透明胶带贴好。滴水不漏的模板浇出的混凝土外观最好

图 8-18　模板施工

（2）同模板材料一样，主次龙骨材料进场也要进行严格的检查验收，坚决杜绝次品材料进入施工现场，同时选择合理的支撑体系与优质的主次龙骨材料是保证工程质量、安全的重中之重，见图8-19、图8-20。

图 8-19　支撑体系不合理导致的坍塌事故

图 8-20　合理的支撑体系

## 8.5.2 施工方法控制

支模尽量工具化，用钢筋或扁钢制作出成型的加固工具，可以使支模过程事半功倍，而且可以重复使用，见图 8-21。

图 8-21 工具化支模

## 8.5.3 施工质量控制

模板最好能够达到清水模板的质量，这样以后的抹灰工序就可以省略了，见图 8-22。

图 8-22 模板质量

## 8.5.4 模板工程成本控制实例

某项目模板工程施工，为了更好地控制模板工程成本，项目部采取了以下措施：

（1）施工前进行技术交底，确保做法统一。

（2）统一配模，绘制配模图，并严格按照配模图进行配模，见图 8-23～图 8-25。

图 8-23 按图配模

所有木方必须双面刨平，压刨成型厚度由项目部进行统一，不得随意压刨

图 8-24 木方刨平

集中配模，不得私自裁切模板木方

图 8-25 集中配模

（3）提高材料周转率，余材分类整理堆码，以便二次使用，见图 8-26、图 8-27。

所有旧木方码放整齐，并覆盖防雨，以便周转使用

图 8-26 旧木方分类整理堆码

新模板码放整齐，使用前必须将表面清理干净，涂刷非油性隔离剂，既能保护模板，又可提高混凝土成型质量

图 8-27 新模板堆码

## 8.6　钢筋工程成本控制要点

### 8.6.1　钢筋进场控制

　　钢筋进场需要验货。预算是根据长度×线密度得出的理论重量，与实际重量是有出入的，如果实际直径大于计算直径的话，同重量的钢筋买回来的长度就会少于预算的长度，见图8-28、图8-29。

图 8-28　钢筋进场

图 8-29　钢筋直径检查

### 8.6.2　钢筋保护控制

　　钢筋需要防潮防锈，如果购入的钢筋能够及时地使用，这步工序可以省略掉，这也是节省成本的措施之一，见图8-30。

### 8.6.3　钢筋连接控制

　　如果设计没有特别规定，可以使用闪光对焊或者机械连接来节约钢筋连接费用；柱钢筋接头采用电渣压力焊，既便宜又可靠，见图8-31～图8-33。

钢筋在满足规范允许偏差的情况下可以细一点，可节省成本

钢筋保护不到位，会增加本可以避免的人工除锈成本

图8-30　钢筋除锈

套筒在连接时没有减小钢筋长度

在施工现场，钢筋不应露天堆放，焊接好、加工好的钢筋更应该尽快使用

图8-31　钢筋套管连接

闪光对焊把短钢筋焊成长钢筋使用，充分利用了钢筋接头

图8-32　钢筋闪光对焊连接

柱筋采用电渣压力焊连接，可大大节约钢筋

图8-33　钢筋电渣压力焊连接

### 8.6.4 钢筋下料控制

对于钢筋下料，工人的节约意识淡薄，觉得钢筋长了不要紧，反正扔了也是扔了，所以几十厘米长的钢筋头都懒得裁下来，这种做法不可取。长出的钢筋可以切下做预埋件，拿去卖铁也好，见图8-34。

加强下料控制，严格按照料单下料，长出的钢筋可切下做垫筋、马凳等

图 8-34　钢筋下料

## 8.7　抹灰工程成本控制要点

### 8.7.1　添加剂控制

现在市场上流行着各种各样的砂浆王、砂浆精之类的东西，可以取代石灰，节约成本。与石灰相比，使用这种添加剂的好处就是不会爆灰，推荐选用。

### 8.7.2　施工准备控制

抹灰施工前先打灰饼，如果灰饼过厚，不要急着施工，要分析原因，如果是砌筑的问题建议拆掉重砌，一是对砌筑班组质量不合格的惩罚，二是出于抹灰厚度过厚，容易引起空鼓的考虑，见图8-35、图8-36。

打灰饼、冲筋后要复核平整度

图 8-35　平整度检查

图 8-36　灰筋检测、复筋

### 8.7.3　工序控制

抹灰必需的工序为墙面基层清理→湿润墙面→108 胶素水泥浆→0.5mm 厚水泥砂浆一道→24h 后→抹灰刮平，见图 8-37。

在铁抹子压墙面无明显压痕之后用石灰浆罩面

图 8-37　抹灰

## 8.8　面层装饰工程成本控制要点

### 8.8.1　块料面层控制

如果是块料面层，应该有详细的预算（不要使用投标的预算量，必须重算），因为块料多数都很贵，在这方面节约会带来可观的效益，见图 8-38。

瓷砖、吊顶、石材根据排版图算量施工

图 8-38　墙砖

### 8.8.2 涂料（乳胶漆）面层控制

如果是涂料面层，应准确计算材料用量，涂刷前确保基层平整度良好（墙面越粗糙，涂料损耗就越大），同时选择操作水平高的工人及合适的涂刷方式（目前常用的涂刷方式有刷涂、辊涂、传统的空气喷涂，以及高压无气喷涂等），见图 8-39。

图 8-39 涂料施工

### 8.8.3 成品保护控制

注重成品保护，在成品保护上花 1 块钱，将来在收尾处理上可以少花 50 元钱，基本上是这个比例，见图 8-40～图 8-43。

图 8-40 室外成品保护

图 8-41 地面保护

先用薄膜保护，阳角用护角条保护

图 8-42　墙面保护

图 8-43　门窗保护

## 8.8.4　材料样品控制

地砖、石材、木地板、窗台板材料样品封样，见图 8-44、图 8-45。

材料样品封样，确保大批量材料进场与设计确定样品相符，避免不必要的麻烦，如进场材料与样品不符则需更换材料，耽误工期

图 8-44　材料样品封样（一）

图 8-45　材料样品封样（二）

## 8.9 防水工程成本控制要点

（1）常见的有瓦屋面和卷材屋面、涂膜屋面等，如果是瓦屋面，建议按图纸计算，当然这种机会是很小的，但是也要试着争取，见图8-46。

图 8-46 瓦屋面

（2）排水管、雨水口最好在防水施工之前完成，这样接头处理较好，省钱又省事，见图8-47、图8-48。

图 8-47 卷材防水

图 8-48 涂膜防水

## 8.10　脚手架工程成本控制要点

（1）现在层高 3m 的住宅楼很普遍，搭设脚手架时注意：脚手架不见得就是一层两道横杆，见图 8-49、图 8-50。

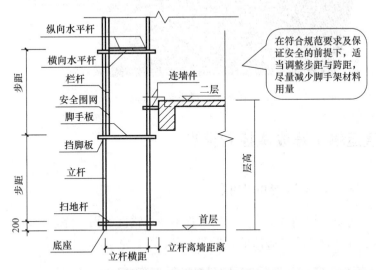

图 8-49　脚手架搭设剖面图

图 8-50　落地脚手架

（2）脚手架刷漆、挡脚板设置，见图 8-51、图 8-52。

图 8-51　脚手架围护

图 8-52　脚手架挡脚板

## 8.11　垂直运输工程成本控制要点

### 8.11.1　垂直运输设备选择的控制

　　垂直运输决定着工程进度，当然如果工程不要求进度的话，完全可以少采用一些垂直运输机械，但这样选择并不是必然的，见图 8-53。

图 8-53　垂直运输设备

### 8.11.2　垂直运输速度的选择

　　垂直运输决定着工程进度，所以一个快速的垂直运输设备可以顶替 2 个慢速的垂直运输设备。所以快速卷扬机容易受到青睐，见图 8-54。

图 8-54　快速卷扬机

## 8.12 楼地面工程成本控制要点

（1）清理的残渣可以作为回填土夯填到一层地面里，这样做的前提是先要留出几间房（具体根据以往的地坪残渣量来估计）不回填土方，见图 8-55。

渣土一直留到清理地坪。这样就不用为残渣外运头疼

图 8-55 房心回填

（2）即使设计没有要求，当房间面积大于 $36m^2$ 时也要做分隔缝，事后维修比不上事前控制，见图 8-56。

图 8-56 分隔缝设置

## 8.13 门窗工程成本控制要点

### 8.13.1 门窗成品保护

门窗的重点是成品保护，门窗安装好后要及时覆盖保护膜，直到外墙施工完，脚手架拆除，内墙装饰、地面完成后再清除，见图 8-57。

### 8.13.2 门窗选材控制

门窗选材包括外窗型材、是否氟碳喷涂、门扇厚度、五金件选择，应确保选材经济合理，既能满足使用上的要求，又不造成性能上的浪费，见图 8-58。

图 8-57　门窗成品保护　　　　　　　　　图 8-58　门窗选材

## 8.14　外墙装修工程成本控制要点

### 8.14.1　外墙块材控制

外墙块材装修材料主要有外墙干挂石材、外墙瓷砖、外墙铝塑板等，见图 8-59～图 8-61。

选用挂件、龙骨、石材时，应在满足设计要求的前提下，不造成性能上的浪费，如用4cm×4cm×3cm的角钢满足要求的话，就不用5cm×5cm×3cm的角钢

图 8-59　干挂石材外墙

实地测量，优化排砖方案，减少面砖浪费

图 8-60　瓷砖外墙

图 8-61 铝塑板外墙

## 8.14.2 外墙涂料控制

根据工程所处环境，选择合适的涂料，采用先进的施工工艺及涂刷方法，加强施工过程中的质量控制，避免空鼓、起皮等质量问题的出现造成修补或返工，见图 8-62。

图 8-62 外墙涂料

## 8.15 垫层工程成本控制要点

用废钢筋头控制标高，节省人工。垫层一般施工 5~7cm，见图 8-63。

图 8-63 垫层施工

# 9 精细化管理

## 9.1 项目精细化管理的含义

1. 精细化管理的含义

精细化管理是一种管理理念和管理技术，是通过规则的系统化和细化，运用程序化、标准化和数据化的手段，使组织管理各单元精确、高效、协同和持续运行，见图9-1。

图 9-1 精细化管理理论

2. 精细化管理的原则

（1）注重细节；

（2）立足专业；

（3）科学量化。

只有做到以上三点，才能达到精细化，使管理落实到位，见图9-2。

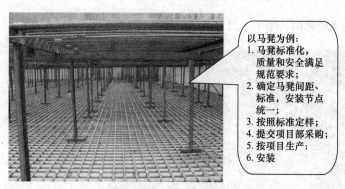

图 9-2 施工现场马凳精细化

3. 精细化管理的关键

精细化管理的关键在于执行力，具体表现为检查与落实。精细化管理就是落实管理责任，将管理责任具体化、明确化，它要求每一个管理者都要到位、尽职，见图 9-3。

开会+不落实=0，布置工作+不检查=0，抓住不落实的事+抓住不落实的人=落实，不折不扣地执行=没有借口地贯彻+按质按量地完成

图 9-3　精细化管理会议

4. 精细化管理的主要内容

精细化管理的主要内容可以归纳为"两个建设、四项控制、八项管理"：

"两个建设"：项目组织（机构）建设、项目管理制度建设；

"四项控制"：进度控制、质量控制、安全控制、成本控制；

"八项管理"：现场管理、生产要素管理、技术管理、合同管理、信息管理、组织协调管理、风险管理、竣工验收及回访保修管理。

5. 什么是工程项目管理组织？

对一个工程项目进行管理，要有人，而且不止一个人，而是一个组织、一个团队。常言道：工程是人干出来的，这里的人也包括项目的管理组织，人起关键性作用。

6. 确定岗位职责、落实工作人员

工程施工不允许出现局外人和多余的人，这几种人坚决要排除，即每个人都要起到相应的作用。在其位谋其政，不能有的人一人干几人的活，有的人一点也不干，这样人的信心就没有了。

7. 制度与程序建设

制度与程序建设的目的是通过一整套完整而标准的工作流程使项目管理工作有条不紊地进行，从而确保工程项目目标的最终实现。比如：岗位责任制度、技术管理制度、质量管理制度、安全管理制度、统计与进度管理制度、成本核算制度、材料与机械设备管理制度、现场管理制度、绩效考核与奖罚制度、会议及施工日志制度、分包及劳务管理制度、组织协调制度、信息管理制度、合同管理制度、学习培训制度。

## 9.2　几个容易被忽视的制度

（1）学习培训制度

学习可以获得知识，学习能够开阔视野，使人头脑清醒，见图 9-4。

（2）会议及施工日志制度

会议制度要重点做好以下两点：一是做好详细的记录（包括会议纪要和每个人的笔记）；二是抓好落实，不要做无用功，不要做重复工作。

施工日志是工程档案备案的需要，也可以使施工过程有据可查，施工日志还有一点好处，那就是可以减少犯同样或类似错误的几率，使人长记性，见图9-5。

施工过程中，随着新技术、新材料、新工艺的出现，学习成为必然，在不断巩固原来固有知识的同时，还要加大对新事物的学习，进而提高自己的业务水平

图9-4  人员学习培训

施工会议很重要，可以对工程的进度、质量、安全、项目管理进行总结，并对以后的工作进行规划和整理；做好详细的会议记录，使项目问题有据可查，以后的项目与之对比，以提高管理水平

图9-5  施工现场会议

（3）绩效考核与奖罚制度

对于表现出色的员工，要及时表扬，及时给予各种方式的嘉奖；对于表现突出的员工，要及时进行特别奖励。不能等到优秀员工提出辞职的时候，为了留住员工才谈加薪、晋升的事情，见图9-6。

有奖当然也要有罚，处罚的形式也有多种，轻者可以批评教育，重者可以通报批评，也可以给予经济处罚

图9-6  员工表现出色给予奖励

## 9.3 进度控制

进度控制的要点就是记住"计划、执行、检查、处理"循环工作方式，不断改进过程控制，见图9-7。

图 9-7 各种进度计划

1. 施工项目进度控制

抓好进度控制最重要的是以合同约定的竣工日期为最终目标来编制各种进度计划（总进度计划，年度、月度、旬、周进度计划，还有相适应的材料、劳动力、资金计划等）。

2. 如何进行进度控制？

应有落实进度计划的各种措施［组织、技术、经济、管理（合同和信息）措施］，各种措施应具体到执行人、目标、任务、检查方法和考核办法等，见图9-8。

图 9-8 视察工地现场

3. 阻碍工程进度的主要原因

（1）甲方的资金（甲供材料）不到位；

（2）班组作业劳动力不足；

（3）施工材料提供不及时；

（4）管理不到位，各工种之间没有协调好；

（5）出现重大质量或安全事故。

4. 如何排除和解决不利于工程进度的因素？

（1）充分利用合同条款在规定时间内书面向甲方催要工程所需款项，如果确实延误了工程进度，应及时以书面形式向甲方提出各种（工期与资金）索赔，必要时可以采取法律手段，在这里要保管好双方往来的函件，见图9-9。

做好原始资料的收集和整理

图9-9　资料收集

（2）在与班组签订劳务承包合同之前应充分考察班组的施工能力、信誉度等（最好是劳务公司的班组，资质证书与安全生产许可证等证件应齐全），在与班组签订劳务承包合同时就得约定乙方出现劳动力不能满足工程进度等违约情况的条款，并应强调其严肃性。在履行承包合同过程中甲方也应及时向乙方支付工程款项，不能及时支付的应向乙方及时说明，争取谅解与支持。

（3）应提前做好材料供应计划并准备相应的资金，要求材料员尽职尽责，保证材料数量与质量，试验员及时做好材料的检验工作。

（4）要保证进度计划的可行性，计划出现问题时应及时调整，要让各班组明白小家与大家的关系，大家的进度上去了，工程的进度才能整体推进，大家才有利益可图，不然只会损坏大家的利益，而且小家的利益也得不到保证，管理人员要积极地进行协调，以减少各班组不必要的返工。

（5）一般情况下是不允许出现进度滞后的，但是万一出现了，大家就要勇敢地面对，首先要积极地去解决问题，采取补救措施，尽量减少大家的损失，而不是区分责任或推卸责任。

进度控制的中心是"合理性、紧凑性、针对性、积极性和协调性"。

## 9.4　质量（管理）控制

1. 质量控制主要影响因素

影响质量的因素有很多，如设计、材料、机械、地形、地质、水文、气象、施工工艺、操作方法、技术措施、管理制度等，均直接影响施工项目的质量。

（1）五项结构关注点

1）底板开裂、外墙开裂、顶板开裂、底板渗漏、外墙渗漏、顶板渗漏。

2）混凝土关键质量：确保混凝土浇筑、梁柱板交接部位不同强度等级混凝土浇筑质量控制、楼板厚度控制、坍落度、温度收缩裂缝控制、大体积混凝土浇筑、模板位移变形控制等符合混凝土质量的要求。

3）钢筋工程关键质量：确保钢筋连接、锚固、隐蔽验收等符合要求。

4）结构楼板：混凝土浇筑控制、不同强度等级混凝土的浇筑质量控制、施工冷缝、模板位移变形控制、板面负筋保护层控制、楼板厚度控制。

5）基础：基坑支护安全与监测；基础工程质量与检测。

（2）六大客户敏感节点

1）开裂。主要控制点：塔楼、砌筑、抹灰、精装。

2）空鼓。主要控制点：抹灰、精装。

3）渗漏。主要控制点：外墙、外窗、屋面、厨房、卫生间、阳台、露台等部位。

4）部品部件。主要控制点：入户门、窗。

5）室内装修观感。主要控制点：墙面、地面、顶棚、厨房、卫生间、楼梯扶手、栏杆。

6）公共区域。主要控制点：重点区域、水电安装、屋面。

（3）三类公共区域观感点

主要控制点：小区大门＋绿化，檐口、大面积外墙，入户大堂。

2. 解决制约质量控制因素的对策

（1）以人的工作质量确保工程质量，工程质量是人（包括参与工程建设的组织者、指挥者和操作者）所创造的。人的政治思想素质、责任感、事业心、质量观、业务能力、技术水平等均直接影响工程质量。

（2）严格控制投入品的质量，任何一项工程施工，均需投入大量的原材料、成品、半成品、构配件和机械设备，对投入品的订货、采购、检查、验收、取样、试验均应进行全面控制，从组织货源、优选供货厂家，直到使用认证，做到层层把关。

（3）全面控制施工过程，重点控制工序质量，工程质量是在工序中所创造的。为此，要确保工程质量就必须重点控制工序质量。

（4）贯彻"以预防为主"的方针：以预防为主，防患于未然，把质量问题消灭在萌芽之中，这是现代化管理的观念。要从对质量的事后检查把关，转向对质量的事前控制和事中控制；从对产品质量的检查，转向对工作质量的检查、对工序质量的检查、对中间产品质量的检查。

3. 质量管理应坚持的八项原则

（1）以顾客为关注焦点；

（2）领导作用；

（3）全员参与；

（4）过程方法；

（5）管理的系统方法；

（6）持续改进；

（7）基于事实的决策方法；

（8）与供方互利的关系。

4. 质量控制的方法和措施

质量控制的方法见图 9-10。

（1）工序质量控制的内容包括：

1）严格遵守工艺规程；

2）主动控制工序活动条件的质量；

3）及时检验工序活动效果的质量；

4）设置工序质量控制点。

（2）事后质量控制包括施工质量检验、工程质量评定和质量文件建档。

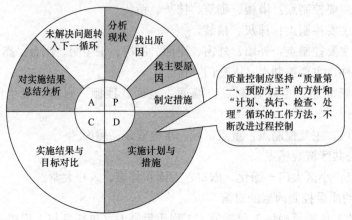

图 9-10  质量控制的方法

## 9.5  质量控制的方法和成品保护

施工项目质量控制的方法主要是审核有关技术文件、报告和直接进行现场质量检查或必要的试验等。

现场质量检查的方法主要有：

（1）目测法：其手段可归纳为看、摸、敲、照。

（2）实测法：就是通过实测数据与施工规范及质量标准所规定的允许偏差对照，来判别质量是否合格。其手段可归纳为靠、吊、量、套。

（3）试验检查：指必须通过试验手段，才能对质量进行判断的检查方法，如桩承载力检查、钢结构稳定性试验、钢筋焊接接头拉力试验等。

成品保护也是施工质量控制中的一项重要工作。对已完工程的成品，如果不采取妥善的措施加以保护，就会造成损伤，影响质量。这样不仅会增加修补工作量，浪费工料，拖延工期；更严重的是有的损伤难以恢复到原样，成为永久性的质量缺陷。

## 9.6  安全（管理）控制

质量和安全是亲兄弟，不分家，讲完质量（管理）控制接下来我们就讲一讲工程建设中如何进行项目安全（管理）控制。

施工项目安全控制是企业生产经营活动的重要组成部分，是一门综合性的系统科学，也是一项非常严肃细致的工作。

1. 安全管理目标

（1）伤亡事故控制目标：杜绝死亡、避免重伤，一般事故应有控制指标；

（2）安全达标目标：根据工程特点，按部位制定安全达标的具体目标；

（3）文明施工实现目标：根据工程特点，制定文明施工的具体方案和实现文明工地的目标。

制定的安全管理目标，根据安全责任目标的要求，按专业管理将目标分解到人。

2. 安全控制的要素

安全生产责任制应根据"管生产必须管安全""安全生产、人人有责"的原则，明确各级领导、各职能部门和各类人员在施工生产活动中应负的安全责任。这些人员包括：项目经理、项目技术负责人、安全员、施工员、作业队长、班组长、操作工人、分包人等，见图 9-11。

图 9-11　新工人上岗培训

安全管理三要素见图 9-12。

（1）控制人的不安全行为。对施工现场的人和环境系统的可靠性，必须进行经常性的检查、分析、判断、调整，强化动态中的安全管理活动。

（2）控制物的不安全状态。项目部采购、租赁的安全防护用具、机械设备、施工机具及配件，必须具有生产（制造）许可证、产品合格证，并在进入施工现场前进行查验，见图 9-13。

图 9-12　安全管理三要素

图 9-13　专人管理，定期检查

（3）改善作业环境。安全生产是树立以人为本的管理理念，保护弱势群体的重要体现。安全生产与文明施工是相辅相成的，见图9-14。

作业环境管理的核心是如何保持作业环境的整洁有序与无毒无害，给作业人员创造一个良好的作业环境

图 9-14  加强环境管理

## 9.7  施工项目成本管理（控制）

施工项目成本是指施工过程中所发生的全部生产费用的总和，包括所消耗的主辅材料、构配件，周转材料的摊销费或租赁费，施工机械的台班费或租赁费，支付给生产工人的工资、奖金以及项目经理部（或分公司、工程处）一级组织和管理工程施工所支出的全部费用。

（1）施工项目成本管理的基本原则：

1）成本最低化原则；

2）全面成本管理原则，"三全"：全项目、全员和全过程；

3）成本责任制原则。

（2）施工项目成本管理的内容及程序：

1）施工项目成本预测；

2）施工项目成本计划；

3）施工项目成本控制；

4）施工项目成本核算；

5）施工项目成本分析；

6）施工项目成本考核。

（3）以施工图预算控制成本支出：在施工项目的成本控制中，可按施工图预算，实行"以收定支"，或者叫"量入为出"。成本控制包括人工费的控制，材料费的控制，钢管脚手、模板、扣件等周转设备使用费的控制，施工机械使用费的控制，构件加工费和分包工程费的控制。

（4）加强质量管理，控制质量成本，见表9-1。

**质量成本控制表**　　　　　　　　　　　　　　　　　　表 9-1

| 关键因素 | 措施 | 执行人、检查人 |
|---|---|---|
| 降低返工、停工损失，将其控制在预算成本的1%以内 | 1. 对每道工序事先进行技术质量交底<br>2. 加强班组技术培训<br>3. 设置班组质量员，把好第一道关<br>4. 设置作业队技术监督点，负责对每道工序进行质量复检和验收<br>5. 建立严格的质量奖罚制度，调动班组积极性 | |
| 减少质量过剩支出 | 1. 施工员要严格掌握定额标准，力求在保证质量的前提下，使人工和材料消耗不超过定额水平<br>2. 施工员和材料员要根据设计要求和质量标准，合理使用人工和材料 | |
| 健全材料验收制度，控制劣质材料额外损失 | 1. 材料员在对现场材料和构配件进行验收时，发现劣质材料要拒收、退货，并向供应单位索赔<br>2. 根据材料质量的不同，合理加以利用以减少损失 | |
| 增加预防成本、强化质量意识 | 1. 建立从班组到项目部的质量 QC 攻关小组<br>2. 定期进行质量培训<br>3. 合理地增加质量奖励，调动职工积极性 | |

质量成本包括两个方面：控制成本和故障成本。控制成本包括预防成本和鉴定成本，属于质量成本保证费用，与质量水平成正比关系，即工程质量越高，鉴定成本和预防成本就越高；故障成本包括内部故障成本和外部故障成本，属于损失性费用，与质量水平成反比关系，即工程质量越高，故障成本越低。

（5）根据工程变更资料，及时办理增减账。

由于设计、施工和建设单位使用要求等种种原因，工程变更是项目施工过程中经常发生的事情，是不以人们的意志为转移的。随着工程的变更，必然会带来工程内容的增减和施工工序的改变，从而也必然会影响成本费用的支出。因此，项目承包方应就工程变更从建设单位取得补偿。

（6）降低材料成本、节约材料费用的途径十分广阔，大体有：

1）节约采购成本——选择运费少、质量好、价格低的供应单位；

2）认真计量验收——如遇数量不足、质量差的情况，要进行索赔或退货。在采购合同中应注明数量、质量标准（尺寸、重量）等；

3）严格执行材料消耗定额——通过限额领料落实。

# 9.8 施工项目八项精细化管理

1. 现场管理

（1）施工项目现场管理的含义及目的

施工项目现场指从事工程施工活动经批准占用的施工场地。该场地既包括红线以内占用的建筑用地和施工用地，又包括红线以外现场附近经批准占用的临时施工用地。施工项目现场管理是指对这些场地如何科学安排、合理使用，并与各环境保持协调关系。"规范场容、文明施工、安全有序、整洁卫生、不扰民、不损害公共利益"是施工项目现场管理的目的。

（2）施工项目现场管理的内容

大门及"五牌一图"：工程概况牌、管理人员名单及监督电话牌、消防保卫（防火责任）牌、安全生产牌、文明施工和环境保护牌及施工现场平面图。

施工现场平面图按指定的施工用地范围和布置的内容，分为施工总平面图和单位工程施工平面图，分别进行布置和管理。施工总平面图相对粗略点，单位工程施工平面图尽量要细致和全面，见图9-15。

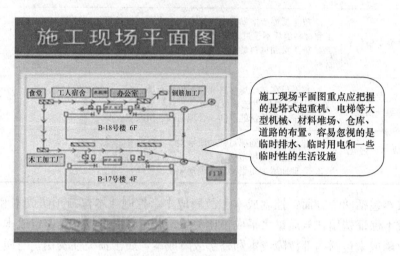

图 9-15　施工现场平面图

施工现场应具有浓烈的质量、安全、文明施工的氛围，这就要求在施工现场布置一些与质量、安全、文明施工相关的宣传图文与宣传标语，见图9-16。

图 9-16　施工现场安全标语

建筑垃圾、渣土应在指定地点堆放，每日进行清理。高空施工的垃圾及废弃物应采用密闭式串筒或其他措施清理搬运，见图9-17。

办公室要干净整洁，除领导办公室外，其他办公室应由管理人员自行排班打扫和整理，年轻人自愿多打扫也未尝不可，见图9-18。

2. 生产要素管理

生产要素管理主要指对现场使用的劳动力、材料、机械设备、资金的管理。

图 9-17　施工现场垃圾清运

图 9-18　办公管理制度

（1）劳务班组的选择

签订劳务分包合同时，要与劳务分包单位进行签订，而不要与承包人个人签订，以规避风险。公司与班组签订劳务合同时，合同价款可以进行分割：工期、质量、安全、成本控制、文明施工、创杯、资料（包括上述资料和工程技术、安全资料等），见图 9-19。

图 9-19　劳务班组的选择

（2）劳务人员的管理

第一，奖罚要及时，不能口头说了，但没有落实到实际行动中。

第二，奖罚要适当，要合情合理，不能随口一开就是几千甚至上万，这样谁能承受得了，除非是那种屡教不改和会产生极度危害的行为，即奖罚要有标准，有据可查。

第三，奖罚要公开、公正、公平。

第四，要以批评教育为主、处罚为辅，以精神奖励为主、物质奖励为辅，有时两者可以并用。

（3）施工项目材料的管理

一是做好材料的需求量明细；二是编制需用计划；三是采购和租赁把关；四是领用与使用管理；五是采购员、管理员的管理；六是新材料的应用，见图9-20。

钢筋材料管理：
（1）做好钢筋需求量明细和需用计划；
（2）在采购和租赁钢筋时进行把关；
（3）在领用和使用钢筋时加强管理；
（4）对现场采购员管理环节进行管理

图 9-20 材料管理

（4）施工项目机械设备的管理

项目上对机械设备与临时用电的管理应设专职管理员一名，负责日常的台账登记、验收、检查、维修与记录等管理工作，见图9-21。

（5）施工项目资金的管理

主要包括资金收入预测、资金支出预测、资金收支对比、资金筹措、资金使用管理等，见图9-22。

购买或租赁的机械设备应符合《中华人民共和国安全生产法》的要求，不能购买和租赁《中华人民共和国安全生产法》明令禁止的或已淘汰的机械设备

图 9-21 机械设备管理

3. 技术管理

建立技术管理工作体系，配备好相应的技术人员；建立健全施工项目的各项技术管理制度，制定并落实各项技术责任制，职责清楚，人员到位。

4. 合同管理

项目管理中的索赔大部分是与合同相关联的，是不能脱离合同孤立进行的，换句话说，工程合同是工程施工索赔的依据之一，见图9-23。

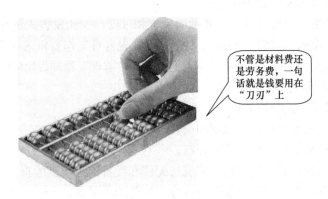

图 9-22 资金管理

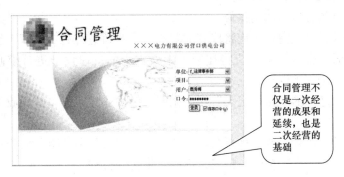

图 9-23 合同管理

5. 风险管理

建筑市场实行先定价后成交的期货交易，这种远期交割的特征决定了建筑行业的高风险性。因此应加强对合同风险的分析、提高防范和控制风险的管理能力，采取有效的防控措施。

6. 信息管理

一是计算机和网络的利用问题，公司的设备要由专人管理，绝对禁止利用工作时间进行玩游戏等与工作无关的事情。

二是个人制作与保存的资料最后应统一归入公司的电脑内保存，如果人员离岗应做好交接工作。

三是信息管理一定要做好保密工作，资料与信息进行分级保密，建立保密守则。

7. 组织协调管理

组织协调是指以一定的组织形式、手段和方法，对项目中产生的关系不畅进行疏通，对产生的干扰和障碍予以排除的活动。组织协调的内容包括：人际关系、组织关系、供求关系、协作配合关系、约束关系等。

（1）施工项目内部关系的组织协调

内部人际关系的协调，尤其是管理人员之间应切忌争吵和打架，同时也不应该拉帮结派，明争暗斗，项目经理一定要做好项目部的团结工作，人员之间出现裂缝时应及时修复，不应该不闻不问任其发展，让事态扩大。

（2）施工项目外部关系的组织协调

与发包人的关系，首先自身工作要做的到位和过硬，少让发包人抓住把柄和辫子。项目部处理与监理单位的关系时，同发包人一样，首先自身工作要做的到位和过硬，少让监理单位抓住把柄和辫子；同时要尽量尊重他们的意见，监理工程师提出的问题要及时整改。

8. 竣工验收及回访保修管理

（1）施工项目竣工验收均应具备的条件

1）完成建设工程设计和合同规定的内容；

2）有完整的技术档案和施工管理资料；

3）有工程使用的主要建筑材料、建筑构配件和设备的进场试验报告；

4）有勘察、设计、施工、监理等单位分别签署的质量合格文件；

5）有施工单位签署的工程保修书。

（2）工程项目的交接与回访保修

在办理工程项目交接前，还应将成套的工程技术资料进行分类整理、编目建档后移交给建设单位。同时，施工单位还应将在施工中所占用的房屋设施进行维修清理，打扫干净，连同房门钥匙全部予以移交。

保修完要在保修书的"保修记录"栏内做好记录，并经建设单位验收签认，以表示修理工作完结。

精细化管理是企业管理的一种形式，当然也是对"人"和"事"的管理，只不过精细化管理是对"人"和"事"精到、精确、细致、细化的管理。